架空输电线路
无人机巡检作业技术

李卫胜 李启昌 主编

中国水利水电出版社
www.waterpub.com.cn
·北京·

内 容 提 要

无人机具有携带方便、操作简单、反应迅速、载荷丰富、任务用途广泛、起飞降落对环境的要求低、自主飞行等优势。

本书重点从架空输电线路概述、输电线路金具、无人机系统原理、无人机法律法规及标准规范、架空输电线路无人机巡检系统、无人机巡检标准化作业、无人机巡检安全注意事项及应急处理措施等方面对无人机巡检作业技术进行讲解。

本书结构合理，条理清晰，内容丰富新颖，是一本值得学习研究的著作，可供相关工程技术人员参考使用。

图书在版编目(CIP)数据

架空输电线路无人机巡检作业技术 / 李卫胜，李启昌主编. —北京:中国水利水电出版社，2018.12（2024.1重印）
 ISBN 978-7-5170-5007-0

Ⅰ. ①架… Ⅱ. ①李… ②李… Ⅲ. ①无人驾驶飞机—应用—架空线路—输电线路—巡回检测 Ⅳ. ①V279 ②TM726.3

中国版本图书馆 CIP 数据核字(2018)第 297212 号

书　　名	架空输电线路无人机巡检作业技术
	JIAKONG SHUDIAN XIANLU WURENJI XUNJIAN ZUOYE JISHU
作　　者	李卫胜　李启昌　主编
出版发行	中国水利水电出版社
	(北京市海淀区玉渊潭南路 1 号 D 座 100038)
	网址:www. waterpub. com. cn
	E-mail:zhiboshangshu@163. com
	电话:(010)62572966-2205/2266/2201（营销中心）
经　　售	北京科水图书销售有限公司
	电话:(010)68545874，63202643
	全国各地新华书店和相关出版物销售网点
排　　版	北京智博尚书文化传媒有限公司
印　　刷	三河市龙大印装有限公司
规　　格	170mm×240mm　16 开本　14.25 印张　185 千字
版　　次	2019 年 1 月第 1 版　2024 年 1 月第 2 次印刷
定　　价	69.00 元

前　言

随着我国国民经济的快速发展,对电力能源需求的日益旺盛,与之相应的电力工程建设力度也在不断加强,对于特高压和跨区电网等大型工程的规划建设以及建成后的日常检查维护,传统的巡线方式已经满足不了现代电力系统的广泛需求。而无人机具有携带方便、操作简单、反应迅速、载荷丰富、任务用途广泛、起飞降落对环境的要求低、自主飞行等优势。采用无人机进行常规输电线路巡查,可降低劳动强度,提高了电力维护和检修的速度和效率。

国家电网山东省电力公司自 2015 年开展无人机巡检作业以来,目前已培训出专业无人机操控员(简称飞手)100 余名,拥有无人机 200 余架,平均每年,每个地市级公司无人机巡检路程达到 2000 多公里,无人机巡检正成为输电线路巡检中不可缺少的作业项目。但是目前公司的飞手仅接受了无人机驾驶员资质培训,该培训是针对无人机驾驶技能的基础培训,并未涉及巡检作业相关知识。同时目前国内也缺少无人机巡检作业相关的专业教材,为进一步完善无人机巡检作业行业应用体系,促进作业人员技能水平提升,特编写本书。

本书是架空输电线路无人机巡检作业理论培训的专业用书,重点从架空输电线路概述、架空输电线路金具、无人机系统原理、无人机法律法规及标准规范、架空输电线路无人机巡检系统、无人机巡检标准化作业、无人机巡检安全注意事项及应急处理措施、无人机系统维护保养、电力无人机巡检拍摄技巧、无人机在架空输电线路上的应用前景等方面对无人机巡检作业技术进行讲解。

本书编委会由国网山东省电力公司输电线路检修专业专家、输电线路专业内训师、输电线路高级优秀人才组成。在本书的编写过程中，山东鲁能智能技术有限公司相关人员给予了大力支持和协助，在此向为本书编写工作提供帮助的专家表示衷心的感谢。

限于编者理论水平和实践经验，书中难免存在不足之处，敬请广大读者批评指正。

作　者

2018 年 7 月

目 录

第一章 架空输电线路概述

第一节 架空输电线路组成

一、概述

输电线路是联系发电厂、变电站与用电设备的一种传送电能的装置,它分架空线路和电缆线路两种。高压输电线路是电力工业的大动脉,是电力系统的重要组成部分。

电力线路有输(送)电线路和配电线路之分。由发电厂向电力负荷中心输送电能的线路以及电力系统之间的联络线路称为输(送)电线路,由电力负荷中心向各个电力用户分配电能的线路称为配电线路。

电力线路按电压等级分为低压、高压、超高压和特超高压线路。电压等级在 1kV 以下的是低压线路,10kV 及以上的是高压线路,500kV 及以上的是超高压线路,750kV 及以上的是特高压线路。

输电线路按线路架设材料不同分为架空输电线路和电缆输电线路。输电线路按电流的性质分为交流线路和直流线路。架空输电线路按杆塔上的回路数目分为单回路线路、双回路线路和多回路线路。

二、架空输电线路的主要设备

架空输电线路主要由导线、避雷线、绝缘子、金具、杆塔、基础以及接地装置等部分组成。

1. 导线

其功能主要是输送电能。线路导线应具有良好的导电性能，导线是架设在杆塔上的，长期处于野外，承受各种气象条件和各种荷载，因此，对导线除要求导电性能好外，还要求具有较高的机械强度、耐震性能，一定的耐化学腐蚀能力，且价格经济合理。任何导线故障，均能引起或发展为断线事故。

线路导线目前常采用钢芯铝绞线、铝包钢芯铝绞线、钢芯铝合金绞线、防腐钢芯铝绞线。

（1）钢芯铝绞线。国产钢芯铝绞线的标准先后有（D）57—1962、JB·649—1965、GB1179—1974、GB1179—1983《铝绞线及钢芯铝绞线》、GB/T1179—1999《圆线同心绞架空导线》（等同于 IEC6089—1991）和 GB/T1179—2008《圆线同心绞架空导线》五种。目前后三种应用较为广泛。

（2）常用架空导地线的型号及其意义。

L——铝；

G——钢；

J——绞；

Q——轻型；

J——加强；

F——防腐；

X——稀土；

LJ——硬铝绞线

LGJ——钢芯铝绞线

LGJQ——轻型钢芯铝绞线

LGJJ——加强型钢芯铝绞线

LGJF——防腐型钢芯铝绞线

GJ——钢绞线

（3）钢芯铝绞线型号。常见钢芯铝绞线型号如图 1-1。防腐钢芯铝绞线的规范、结构和机电性能与普通钢芯铝绞线完全相同，所不同的是表面涂抹防腐剂，并在型号中加"F"，即"LGJF"以示区别，该线共分轻防腐、中防腐和重防腐三种。

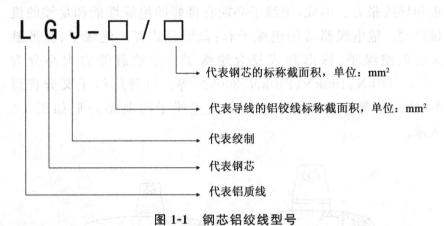

图 1-1 钢芯铝绞线型号

2. 地线

地线又称架空避雷线，地线架设在导线的上空，其作用是保护导线不受直接雷击，由于架空地线对导线的屏蔽，及导线、架空地线间的耦合作用，从而可以减少雷电直接击于导线的机会。当雷击杆塔时，雷电流可以通过架空地线分流一部分，从而降低塔顶电位，提高耐雷水平。避雷线根数视线路电压等级、杆塔形式和雷电活动程度而定，可采用双地线和单地线。

目前 110kV 及以上电压等级的送电线路一般为双架空地线。如果地线发生故障，造成断线。避雷线断线后可能碰在导线上，即能造成导线间的短路，影响正常供电。

另外，架空地线有绝缘、不绝缘和部分绝缘之分。架空地线常采用镀锌钢绞线、铝包钢绞线等良导体，可以降低不对称短路时的工频过电压，减少潜供电流。兼有通信功能的线路采用光缆复合架空地线（OPGW）。

3. 绝缘子

绝缘子是输电线路绝缘的主体,其作用是悬挂导线并使导线与杆塔、大地保持绝缘。绝缘子要承受导线的垂直荷重、水平荷重和导线张力。因此,绝缘子必须有良好的绝缘性能和足够的机械强度。输电线路常用绝缘子有:盘形悬式瓷质绝缘子、盘形悬式玻璃绝缘子、棒形悬式复合绝缘子。按承载能力大小分为70kN、100kN、160kN、210kN、300kN 等。每种绝缘子又分普通形、防污形等多种类型。盘形悬式绝缘子的典型外形如图 1-2 所示。

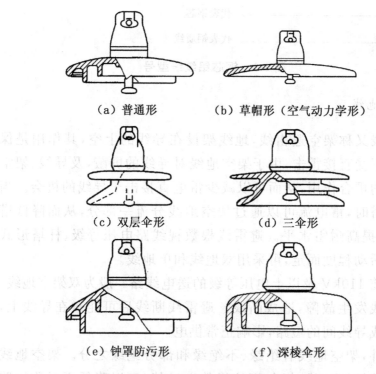

（a）普通形　　　　（b）草帽形（空气动力学形）

（c）双层伞形　　　　（d）三伞形

（e）钟罩防污形　　　　（f）深棱伞形

图 1-2　盘形悬式绝缘子的典型外形图

（1）盘形悬式瓷质绝缘子。国产瓷质绝缘子,劣化率很高,需检测零值,维护工作量大。遇到雷击及污闪容易发生掉串事故。常见的瓷质绝缘子如图 1-3 所示。

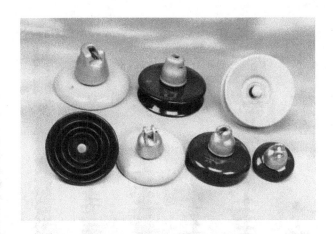

图 1-3 盘形悬式瓷质绝缘子

（2）盘形悬式玻璃绝缘子。盘形悬式玻璃绝缘子具有零值自爆,自爆率很低（一般为万分之几）的特点。维护不需检测,钢化玻璃件万一发生自爆后其残留机械强度仍达破坏拉力的 80％ 以上,仍能确保线路的安全运行。遇到雷击及污闪不会发生掉串事故。典型外形图如图 1-4 和图 1-5 所示。

图 1-4 普通形绝缘子   图 1-5 防污形绝缘子

（3）棒形悬式复合绝缘子。具有防污闪性能好、重量轻、机械强度高、少维护等优点。如图 1-6 所示。

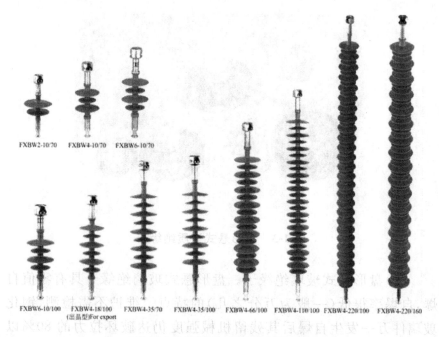

图 1-6 棒形悬式复合绝缘子

常见的绝缘子型号见《复合悬式绝缘子》与《35kV、110kV、220kV 交流合成绝缘子主要技术参数》。

（4）绝缘子型号的意义。我国生产的盘形悬式瓷质和玻璃绝缘子一般由字母—数字—字母三部分组成，如图 1-7 所示。第一部分的字母表示绝缘子类型，第二部分的数字表示绝缘子的机电破坏荷载，第三部分的字母表示绝缘子的特征。

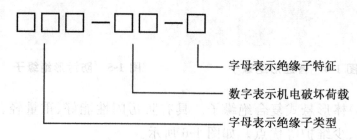

图 1-7 绝缘子型号示意图

第一部分字母表示绝缘子类型，X——悬式、W——耐污型、

LX——悬式钢化玻璃、XH——钟罩形、P——机电破坏负荷、Y——圆柱头结构、M——草帽形、Q——球面、A——空气动力型。

第二部分数字表示机电破坏荷载,单位为 kN。我国生产的标准型绝缘子主要有 40kN、60kN、70kN、100kN、160kN、210kN、300kN 等几种。

第三部分字母表示绝缘子连接方式,如 C——槽形连接、D——大爬电距离。

瓷质、球窝形连接和大爬电距离等都不再用字母表示。

举例如下:

XWP——100:表示悬式防污型瓷质绝缘子,球窝形连接,机电破坏荷载为 100kN。

XP——210:表示普通型瓷质绝缘子,球窝形连接,机电破坏荷载为 210kN。

LXP——210:表示钢化玻璃绝缘子,球窝型连接,机电破坏荷载为 210kN。

4. 金具

在架空输电线路上,将杆塔、绝缘子、导线、地线及其他电气设备按照设计要求,连接组装成完整的送电体系所使用的零件,统称为金具。对金具的要求是强度高,防腐性能好,连接可靠,转动灵活,面接触,防止点接触。金具按其主要性能和用途一般分为五大类:悬垂线夹、耐张线夹、连接金具、接续金具、防护金具。

5. 杆塔

杆塔是用来支承导线和避雷线及其附件的支持物,以保证导线与导线或避雷线、导线与地面或交叉跨越物、导线与杆塔等有足够的安全距离。

杆塔按材料分,可分为钢筋混凝土杆和铁塔两大类。

按作用受力分,杆塔可分为直线杆塔、承力杆塔(承力杆塔分为耐张杆塔、转角杆塔、终端杆塔、分歧杆塔、耐张换位杆塔、耐张跨越杆塔)和悬垂转角杆塔。

(1)根据线路杆塔的用途分类及代号含义。

①直线塔(Z)。用于线路的直线中间部分,以悬垂的方式支持导、地线,主要承受导、地线自重或覆冰等垂直荷载和风压及线路方向的不平衡拉力。

②直线转角塔(Z)。除起直线塔的作用外,还用于小于5°的线路转角。

③耐张塔(N)。以锚固的方式支承导线和地线,能将线路分段,限制事故范围,便于施工检修;其机械强度较大,除承受直线杆塔承受的荷载外,还承受导、地线的直接拉力,事故情况下承受断线张力。

④转角杆塔(J)。用于线路转角处,一般是耐张型的。除承受耐张塔承受的荷载外,还承受线路转角造成的合力。

⑤终端杆塔(D)。用于整个线路的起止点,是耐张杆塔的一种形式,但受力情况较严重,需承受单侧架线时全部导、地线的拉力。

⑥分支杆塔(F)。用于线路的分支处。受力类型为直线杆塔、耐张杆塔和终端杆塔的总和。

⑦跨越塔(K)。用于高度较大或档距较长的跨越河流、铁路及电力线路杆塔。

⑧换位杆塔(H)。用于较长线路变换导线相位排列的杆塔。

(2)按杆塔外形或导线布置形式代号含义。

S——上字形

C——叉骨形(鸟骨形)

M——猫头形

V——V字形

J——三角形

G——干字形

Y——羊角形

B——酒杯形

SZ——正伞形

SD——倒伞形

T——田字形

W——王字形

A——A 字形

Me——门形

Gu——鼓形

(3) 杆塔材料和结构代号含义。

G——钢筋混凝土电杆

T——自立式铁塔

X——拉线式铁塔

(4) 分级代号含义。同一种杆塔型式按荷重不同进行分级,其分级代号用角注 1、2、3……表示。

(5) 高度代号含义。杆塔高度是指横担对地面的距离(m),称为呼称高,一般用数字表示。

(6) 铁塔型号表示方法。铁塔型号一般由字母及数字共六个部分组成,如图 1-8 所示。

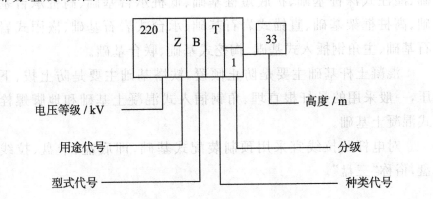

图 1-8　铁塔型号表示方法

图 1-8 表示,该塔为 220kV 直线酒杯形自立铁塔,第一级呼称高 33m。

(7)钢筋混凝土杆型号表示方法。钢筋混凝土电杆型号与铁塔型号的表示方法基本相同,通常不写出线路电压等级的代号。

6. 基础

基础指杆塔的地下部分,主要是稳定杆塔,能承受杆塔、导线、架空地线的各种荷载所产生的上拔力、下压力和倾覆力矩。

(1)按杆塔型式分,可分为直线杆塔基础、耐张杆塔基础、转角杆塔基础和特种杆塔基础。

(2)按基础受力方式分,可分为下压基础、上拔基础和倾覆基础。

(3)按基础结构型式分,可分为:

①常用各种电杆基础型式:杆根直埋基础、钢管套装基础、现场浇制钢筋混凝土基础、现场浇制重力式混凝土基础。

②常用各种铁塔基础型式:角钢插入式混凝土基础、地脚螺栓式混凝土基础、钢筋混凝土基础、重力式混凝土基础、圆形(方形)钢筋混凝土预制基础、预制三角架式钢筋混凝土基础、混凝土条底板角钢支架基础、角钢插入式金属基础、角钢支架式金属基础、灌注式深桩基础、扩底短桩基础、低桩承台基础、高桩承台基础、高桩框架基础、直锚式岩石基础、承台式岩石基础、嵌固式岩石基础、主角钢插入式基础、掏挖式基础、联合基础。

混凝土杆基础主要是防止倾覆,铁塔基础主要是防上拔、下压,一般采用的是杆根直埋、角钢插入式混凝土基础和地脚螺栓式混凝土基础。

对电杆及拉线宜采用预制装配式基础,即底盘、卡盘、拉线盘,俗称"三盘"。

7. 接地装置

接地装置由接地体(极)和接地引下线所组成。

接地体(极)是指埋入地中并直接与大地接触的金属导体,其作用是能迅速将雷电流在大地中扩散泄导,以保持线路有一定的耐雷水平,减少线路雷击事故。杆塔接地电阻值愈小,其耐雷水平就愈高。分为水平接地体和垂直接地体。

接地引下线指杆塔的接地螺栓与接地体连接用的在正常情况下不载流的金属导体。

接地电阻指接地体对地电阻和接地引下线电阻的总和。而工频接地电阻则是通过接地体流入地中工频电流求得的电阻。

土壤电阻率是表征土壤导电能力的参数。

三、输电线路专业术语

(1)档距:相邻两基杆塔之间的水平直线距离,称为档距。

(2)弧垂:对于水平架设的线路来说,导线相邻两个悬挂点之间的水平连线与导线最低点的垂直距离,称为弧垂或弛度。

(3)限距:导线对地面或对被跨越设施的最小距离。一般指导线最低点到地面的最小允许距离。

(4)水平档距:相邻两档距之和的一半。

$$l_h = (L_1 + L_2)/2$$

(5)垂直档距:相邻两档距间导线最低点之间的水平距离。

(6)代表档距:一个耐张段里,除弧立档外,往往有多个档距。由于导线跨越的地形、地物不同,各档距的大小不相等,导线的悬挂点标高也不一样,各档距的导线受力情况也不同。而导线的应力和弧垂跟档距的关系非常密切,档距变化,导线的应力和弧垂也变化,如果每个档距一个一个计算,会给导线力学计算带来困难。但一个耐张段里同一相导线,在施工时是一道收紧起来的,因此,导线的水平拉力在整个耐张段里是相等的,即各档距弧垂最低点的导线应力是相等的。我们把大小不等的一个多档距的耐张段,用一个等效的假想档距来代替它,这个能够表达整个耐张力学规律的假想档距,称之为代表档距或称为规律档距。

$$L_n = \sqrt{\frac{\sum_1^n L_n^3}{\sum_1^n L_n}} = \sqrt{\frac{L_1^3 + L_2^3 + \cdots\cdots + L_n^3}{L_1 + L_2 + \cdots\cdots + L_n}}$$

(7)杆塔高度:杆塔最高点至地面的垂直距离,称为杆塔高度。

(8)杆塔呼称高度:杆塔最下层横担至地面的垂直距离称为杆塔呼称高度,简称呼称高。

(9)悬挂点高度:导线悬挂点至地面的垂直距离,称为导线悬挂点高度。

(10)线间距离:两相导线之间的水平距离,称为线间距离。

(11)根开:两电杆根部或塔脚之间的水平距离,称为根开。

(12)架空地线保护角:架空地线和边导线的外侧连线与架空地线铅垂线之间的夹角,称为架空地线保护角。

(13)杆塔埋深:电杆(塔基)埋入土壤中的深度称为杆塔埋深。

(14)跳线:连接承力杆塔(耐张、转角和终端杆塔)两侧导线的引线,称为跳线,也称引流线或弓子线。

(15)导线的初伸长:当导线初次受到外加拉力而引起的永久性变形(延着导线轴线伸长),称为导线初伸长。

(16)分裂导线:一相导线由多根(有 2 根、3 根、4 根)组成形式,称为分裂导线。它相当于加粗了导线的"等效直径",改善导线附近的电场强度,减少电晕损失,降低了对无线电的干扰,提高送电线路的输送能力。

(17)导线换位:送电线路的导线排列方式,除正三角形排列外,三根导线的线间距离是不相等。而导线的电抗取决于线间距离及导线半径,因此,导线如不进行换位,三相阻抗是不平衡的,线路愈长,这种不平衡愈严重。因而,会产生不平衡电压和电流,对发电机的运行及无线电通信产生不良的影响。送电线路设计规程规定"在中性点直接接地的电力网中,长度超过 100km 的送电线路均应换位"。一般在换位塔进行导线换位。

(18)导(地)线振动:在线路档距中,当架空线受到垂直于线路方向的风力作用时,就会在其背风面形成按一定频率上下交替的稳定涡流,在涡流升力分量的作用下,使架空线在其垂直面内产生周期性振荡,称为架空线振动。

当涡流的频率恰好与架空线的自振频率相同时,将会形成架空线的稳定振动波,这种稳定的振动波将在架空线内部产生交变应力,长期作用会造成架空线的损伤。最严重的地方是架空线线夹出口处。防振锤的安装位置最好在"波峰"点处,使其上下甩动幅度最大,从而起到消耗最大振动能量的作用。

(19)雷暴日:一天内只要听到雷声就算一个雷暴日。平均年雷暴日不超过 15 天的地区称为少雷区,超过 15 天但不超过 40 天的地区称为中雷区,超过 40 天但不超过 90 天的地区称为多雷区,超过 90 天的地区称为雷电活动特殊强烈地区。

(20)反击:雷电直击于线路架空地线或杆塔时,雷电流一部分经架空地线流向线路两侧,大部分经杆塔及接地装置流入大地,引起塔顶电位升高,而造成绝缘子串的闪络放电,这种现象称为反击。雷电反击过电压与雷电参数,杆塔型式、高度和接地电阻等有关。

(21)绕击:雷电绕过架空地线直击于导线,而造成绝缘子串的闪络放电,这种现象称为绕击。

(22)线路的耐雷水平:线路遭受雷击时,绝缘子串不发生闪络的最大雷电流幅值,称为该线路的耐雷水平。用 I_0 表示,(kA)。雷电流幅值一般不超过 100kA,雷电的极性有正、有负。负极性的雷电占 85% 左右。线路的耐雷水平与绝缘子串的 U50% 雷电冲击电压、杆塔的冲击接地电阻、杆塔塔形及对地高度等有关。

(23)雷电保护接地:为雷电保护装置(避雷针、避雷线和避雷器等)向大地泄放雷电流而设的接地。

(24)跨步电压:接地短路(故障)电流流过接地装置时,地面上水平距离为 0.8m 的两点间的电位差,称为跨步电位差,即跨步电压。

(25)接触电压:接地短路(故障)电流流过接地装置时,大地表面形成分布电位,在地面上离设备水平距离为 0.8m 处与设备外壳,架构或墙壁离地面的垂直距离 1.8m 处,两点间的电位差,称为接触电位差,即接触电压。

(26)电晕现象:在带电的高压导线周围会产生电场,如果电场强度超过了空气击穿强度时,就使导线周围的空气电离而呈现局部放电现象,这种现象叫电晕现象。

(27)污闪:指绝缘子的电瓷(玻璃)表面沉积了带有导电物质的污秽层,当遇到雾、露和毛毛雨等潮湿气候条件时,污秽层受潮,表面电导增大,泄漏电流增加,产生局部放电,在工频电压作用下,这种局部放电发展成为电弧闪络。这种现象称为绝缘子污闪。

第二节　架空输电线路运行规程

《架空输电线路运行规程》规定了架空输电线路运行工作的基本要求、技术标准,对输电线路巡检、检测、维修、技术管理等提出了具体要求,并对线路特殊区段、保护区的维护和环境保护作出了明确规定。限于篇幅,本书重点介绍与无人机巡检相关的内容。

巡检是指为掌握线路的运行状况,及时发现线路本体、附属设施以及线路保护区出现的缺陷或隐患,并为线路检修、维护及状态评价(评估)等提供依据,近距离对线路进行观测、检查、记录的工作。根据不同的需要(或目的),线路巡视可分为三种:正常巡视、故障巡视、特殊巡视。

正常巡视指按一定的周期对线路所进行的巡视,包括对线路设备(指线路本体和附属设备)和线路保护区(线路通道)所进行的巡视。故障巡视指运行单位为查明线路故障点、故障原因及故障情况等所组织的线路巡视。特殊巡视指特殊情况下或根据特殊需要,采用特殊巡视方式所进行的线路巡视。特殊巡视包括:夜间巡视、交叉巡视、登杆塔检查、防外力破坏巡视等。

随着线路运维技术的发展以及无人机在电网中的推广应用,由此产生了新型巡检模式:协同巡视。将直升机、无人机和人工巡视相协同,在巡视周期、巡视内容和方式上相互配合,协同开展输电线路全方位立体化巡视。

无人机巡检操作通常大部分时间在输电线路保护区内进行,即导线边线向外侧水平延伸一定距离,并垂直于地面所形成的两平行面内的区域。重点巡检跨越高速铁路、高速公路和重要输电通道的三跨区段。本规程对巡视做了详细的介绍,同样适应于无人机巡检工作。

一、巡视基本要求

(1)线路运维单位应建立健全线路巡视岗位责任制,对所管辖每条输电线路按线路区段明确责任人。

(2)根据巡视不同的需要(或目的),线路巡视分为正常巡视、故障巡视和特殊巡视,并根据实际需要,组织开展直升机、无人机和人工相协同巡视工作。

(3)正常巡视包括对线路设备(本体、附属设备)及通道环境的检查,可以按全线或区段进行。巡视周期相对固定,并可动态调整。线路设备与通道环境的巡视可按不同的周期分别进行。

(4)故障巡视在线路发生故障后,不论重合闸是否成功,均应根据气象环境、故障录波、行波测距、雷电定位系统、在线监测、现场情况等信息初步判断故障类型,及时组织进行巡视。对故障巡视现场进行详细记录(包括设备本体、通道环境等图像或视频资料),对引发故障的物证应设法取回并妥为保管,发现故障点后应及时报告,遇有重大事故应设法保护现场。

(5)特殊巡视应在气候剧烈变化、自然灾害、外力影响、异常运行和对电网安全稳定运行有特殊要求时进行。特殊巡视根据需要及时进行,巡视的范围视情况可为全线、特定区段或个别组件。

(6)线路巡视中,如发现危急缺陷或线路设备本体、通道环境等图像或视频资料,对引发故障的物证应设法取回并妥为保管,发现故障点后应及时报告,遇有重大事故应设法保护现场。线路遭到外力破坏等情况,应立即采取措施并向上级或有关部门报告,以便尽快予以处理。

对巡视中发现的可疑情况或无法认定的缺陷,应及时上报以便组织复查、处理。

二、设备巡视的内容及要求

(1)设备巡视应沿线路逐基逐档进行立体式巡视,不得出现漏点(段),巡视对象包括线路本体和附属设施。

(2)根据实际需要,对杆塔瓶口及以上部位巡视重点是对导线、绝缘子、金具、附属设施的完好情况进行全面检查。

(3)设备巡视检查的内容可参照表 1-1 执行。

表 1-1　架空输电线路设备巡视检查主要内容表

巡视对象		检查线路本体、附属设施及保护区有无以下缺陷、变化或情况
线路本体	地基与基面	回填土下沉或缺土、水淹、冻胀、堆积杂物等
	杆塔基础	破损、酥松、裂纹、露筋、基础下沉、保护帽破损、边坡保护不够等
	杆塔	杆塔倾斜、主材弯曲、地线支架变形、塔材、螺栓丢失、严重锈蚀、脚钉缺失、爬梯变形、土埋塔脚等;混凝土杆未封杆顶、破损、裂纹等
	接地装置	断裂、严重锈蚀、螺栓松脱、接地带丢失、接地带外露、接地带连接部位有雷电烧痕等
	拉线及基础	拉线金具等被拆卸、拉线棒严重锈蚀或蚀损、拉线松弛、断股、严重锈蚀、基础回填土下沉或缺土等
	绝缘子	伞裙破损、严重污秽、有放电痕迹、弹簧销缺损、钢帽裂纹、断裂、钢脚严重锈蚀或蚀损、悬垂绝缘子串顺线路方向的偏斜角(除设计要求的预偏外)大于 7.5°或最大偏移值大于 300mm。
	导线、地线、引流线、屏蔽线、OPGW	散股、断股、损伤、断线、放电烧伤、导线接头部位过热、悬挂漂浮物、弧垂过大或过小、严重锈蚀、有电晕现象、导线缠绕(混线)、覆冰、舞动、风偏过大、对交叉跨越物距离不够等
	线路金具	线夹断裂、裂纹、磨损、销钉脱落或严重锈蚀;大截面导线接续金具变形、膨胀;招弧角、均压环、屏蔽环烧伤、脱落、螺栓松动;防振锤位移、脱落、严重锈蚀;阻尼线变形、烧伤;间隔棒松脱、变形或离位;各种连板、联接环、调整板损伤、裂纹等

巡视对象		检查线路本体、附属设施及保护区 有无以下缺陷、变化或情况
附属设施	防雷装置	避雷器动作异常、计数器失效、破损、变形、引线松脱;放电间隙变化、烧伤等
	防鸟装置	固定式:破损、变形、螺栓松脱等; 活动式:动作失灵、褪色、破损等; 电子、光波、声响式:供电装置失效或功能失效、损坏等
	各种监测装置	缺失、损坏、功能失效等
	警告、防护、指示、相位等标志	缺失、损坏、字迹或颜色不清、严重锈蚀等
	航空警示器材	高塔警示灯、跨江线彩球等缺失、损坏、失灵
	防雾防冰装置	缺失、损坏等
	ADSS 光缆	损坏、断裂、弛度变化等

三、通道环境巡视的内容及要求

（1）通道环境巡视应对线路通道、周边环境、沿线交跨、施工作业等情况进行检查，及时发现和掌握通道环境的动态变化情况。

（2）在确保对线路设备巡视到位的基础上宜适当增加通道环境巡视次数，根据输电通道性质、地理气象环境条件等情况，对通道环境上的各类隐患或危险点安排定点检查。

（3）对于"三跨"等重要交叉跨越通道，运维单位应及时掌握交跨通道内地理环境、建筑物、树竹生长、特殊气候特点及跨越铁路、公路、电力线等详细状况，逐档绘制线路通道状态图并动态修订。

（4）通道环境巡视检查的内容可参照表1-2执行。

表 1-2　架空输电线路通道环境巡视检查主要内容

巡视对象		检查线路本体、附属设施及保护区 有无以下缺陷、变化或情况
线路通道环境	基础附近堆土、取土	杆塔基础附近有无堆土和取土,存在安全隐患
	建(构)筑物	有违章建筑,导线与之安全距离不足等
	树木(竹林)	树木(竹林)与导线安全距离不足等
	施工作业	线路下方或附近有危及线路安全的施工作业,如距线路中心约 500m 区域内有施工爆破、开山采石等
	火灾	线路附近有烟火现象,有易燃、易爆物堆积等
	交叉跨越(平行)	出现新建或改建电力、通信线路、道路、铁路、轨道交通、索道、管道等
	防洪、排水、基础保护设施	坍塌、淤堵、破损等
	自然灾害	地震、洪水、泥石流、山体滑坡等引起通道环境的变化
	道路、桥梁	巡线道、桥梁损坏等
	污染源	出现新的污染源或污染加重
	不良地质区	出现裂缝、塌陷等情况
	其他	线路附近有人放风筝、有危及线路安全的飘浮物、线路跨越鱼塘边无警示牌、射击打靶、藤蔓类植物攀附杆塔等

四、巡视周期和方式的确定原则

(1)运维单位应根据所管辖线路的地形地貌特征、天气气象特征、地理气象环境、线路设备特征及输电通道性质等特点划分区段,确定不同区域、性质和时间段的线路区段巡视周期。同时,依据线路区段和时间段的变化,及时对巡视周期进行必要的调整。

（2）不同区域线路（区段）巡视周期的一般规定：①城市（城镇）及近郊区域的巡视周期为 1 个月；②远郊、平原等一般区域的巡视周期为 2 个月；③高山大岭、沿海滩涂、戈壁沙漠等车辆人员难以到达区域的巡视周期为 3 个月；④以上应为设备和通道环境的全面巡视，对特殊区段宜增加通道环境的巡视次数。

（3）不同性质的线路（区段）巡视周期：①单电源、重要负荷、网间联络等线路的巡视周期不应超过 1 个月；②运行状况不佳的老旧线路（区段）、缺陷频发线路（区段）的巡视周期不应超过 1 个月；③重要交叉跨越区段的巡视周期不应超过 1 个月。

（4）特殊时段线路区段巡视周期的一般规定：①树木速长区在春、夏季巡视周期一般为半个月；②地质灾害区在雨季、洪涝多发期，巡视周期一般为半个月；③山火高发区在山火高发时段巡视周期一般为 10 天；④鸟害多发区、多雷区、风害区、微风振动区、重污区、重冰区、易舞区、季冻区等特殊区段在相应季节巡视周期一般为 1 个月；⑤对通道环境恶劣的区段，应在相应时间段加强巡视，巡视周期一般为半个月；⑥重大保电、电网特殊方式等特殊时段，应制定专项巡视方案，依据方案开展巡视。

（5）新（改）建线路（区段）在投运后 3 个月内，每月应进行 1 次全面巡视，之后执行正常巡视周期。

（6）运维单位应开展协同巡视，综合考虑巡检质量、安全、效率和成本，确定直升机、无人机和人工巡视周期、巡视内容和配合方式，建立直升机、无人机和人工相互协同、相互补充的作业机制。

（7）直升机巡视主要用于特高压交直流、跨区直流和 500kV 及以上重要线路的正常巡视、大范围的灾情普查和灾后电网评估，如：台风、大面积冰灾等大范围灾情巡视。

（8）无人机巡视主要用于各电压等级线路精细化巡视、故障巡视和小范围通道巡查。其中，小型多旋翼无人机作为一种便携式巡检工具配置于班组，用于代替人工登杆（塔）对线路本体和附属设施进行精细化巡视检查、故障巡查和小范围通道巡查；中小型固定翼无人机用于进行通道巡视、小范围灾情普查和灾后电网评估;大型固定翼无人机宜作为直升机巡视范围和周期的补充,应用于应急、大范围的灾情普查和灾后电网评估。

(9)人工巡视主要用于对杆塔瓶口以下部位巡视检查和输电通道巡查,主要在重大保电、电网特殊方式等特殊时段开展。

(10)对于杆塔瓶口及以上部位,除空中管制区、无线电干扰区、通讯阻隔区、大风或切变风多发区、森林防火区等不适合直升机、无人机巡视作业区域外,宜优先采用直升机、无人机精细化巡视代替人工登杆(塔)进行全面检查。

(11)直升机、无人机巡视过程中,局部区域存在巡视盲区时,应采用人工巡视。

(12)对于不适合直升机、无人机巡视作业区域,应采用人工巡视。

(13)对于已开展直升机、无人机巡视的线路(区段),在同一个巡视周期内可不再开展人工巡视。

(14)对于已开展人工巡视的线路(区段),在同一个巡视周期内可不再开展直升机、无人机巡视。

(15)夜间特巡宜采用人工巡视。

(16)运维单位在巡视过程中应加强线路区段的地形地貌特征、天气气象特征、地理气象环境、线路设备特征等特征数据收集,不断优化直升机、无人机和人工巡视周期、巡视内容和配合方式。

第二章 架空输电线路金具

金具(armourclamp)是输电线路广泛使用的铁制或铝制金属附件。大部分金具在运行中需要承受较大的拉力,有的还要同时保证良好的电气性能。其机械作用:用来支撑、固定、接续和保护导地线。电气作用:使导地线与杆塔绝缘,保证线路具有可靠的电气强度。

金具是输电线路杆塔本体中最容易出现缺陷问题同时也是缺陷发现难度最大的部分,所以了解熟悉输电线路金具对于无人机巡检作业是非常重要的。本章将会介绍杆塔金具的分类,常见的架空线路电力金具以及架空线路杆塔组立及附件安装时螺栓的穿入方向等。

第一节 金具的分类

金具的分类如图 2-1 所示。

一、金具概述

(1)悬垂金具。这种金具主要用来将导地线或光缆悬挂于绝缘子或者杆塔上(多用于直线塔),常见悬垂线夹如图 2-2 所示。

(2)耐张金具。用来紧固导线、地线、光缆终端,使其固定在耐张绝缘子串上(多用于转角或者终端塔上),常见耐张线夹如图 2-3 所示。

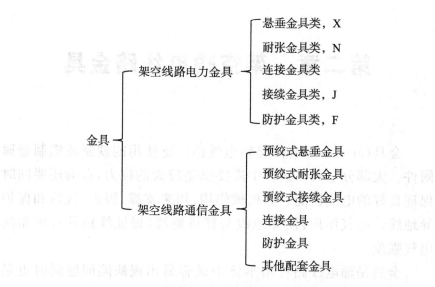

图 2-1　金具分类

图 2-2　常见悬垂线夹

（3）连接金具。又称为挂线零件。主要用于绝缘子连接成串及金具与金具的连接，承受机械载荷，常见连接金具如图 2-4 所示。

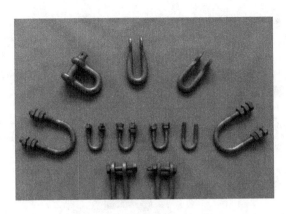

图 2-3　常见耐张金具

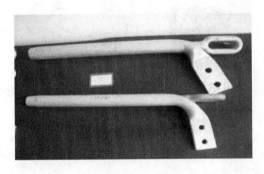

图 2-4　常见连接金具

(4)接续金具。用于各种导线、地线的接续。接续金具承担与导线相同的电气负荷及机械强度。常见接续金具如图 2-5 所示。

图 2-5　常见接续金具

(5)防护金具。这种金具用于保护导线、绝缘子等。如均压环、防振锤、护线条等,常见防护金具如图 2-6 所示。

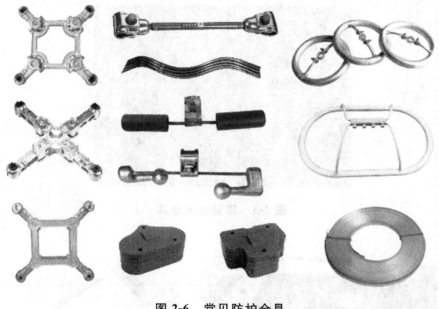

图 2-6　常见防护金具

二、金具命名规则

1. 一般电力金具的命名规则

电力金具的产品型号由 1～3 个汉语拼音字母（以下简称字母）及阿拉伯数字（以下简称数字）、附加字母组成。其中,首位字母和数字是基本组成部分。根据产品的情况,可在首位后加上第二或第三位字母,在数字后加上附加字母来表示。一般电力金具名称组成如图 2-7 所示。

型号的首位字母的代表意义是:①分类类别;②连接金具类的产品系列名称。

首位字母用上述的类别或名称的第一个汉字的汉语拼音的第一个字母表示。当首位字母出现重复时,可选取其他字母表示。

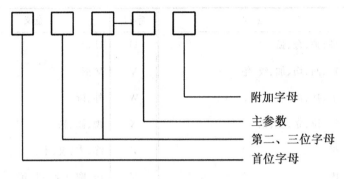

附加字母
主参数
第二、三位字母
首位字母

图 2-7　一般电力金具名称组成

首位字母代表的意义见表 2-1。

表 2-1　命名首位字母代表意义

首字母	X	N	J	F	T	S	M
分类名称	悬垂	耐张	接续	防护	T接	设备	母线
首字母	E	D	L	P	Q	U	W	Y	Z
金具产品名称	EB挂板	调整	联板	平行	球头	U形	碗头	延长	直角

型号的第二、三位字母是对首位字母的补充表示，以区别不同的型式、结构、特性和用途。同一字母允许表示不同的含义。

第二、三位字母代表的意义见表 2-2。

表 2-2　名称中第二、三位字母代表意义

字母	意义	字母	意义
B	扳、爆压、并(沟)、避(雷)、包	P	平、屏
C	槽(形)、垂(直)	Q	球、牵、轻
D	倒、单、导、吊、搭	R	软
F	方、防、封	S	双、三、伸、设
G	固、钢、过、隔、钩、管	T	椭、跳、调、T

字母	意义	字母	意义
H	环、护、合、弧	U	U 形
J	矩、间、均、加、绞、绝	V	V 形
K	卡、扛、扩	W	外、碗
L	螺、拉、立、菱、铝	X	楔、修、悬
M	母	Z	终、支、组、十、重
N	内	Y	压、圆、(牵)引、预

主参数以数字表示。根据产品的特点,可取一种或多种组合表示:①表示适用导线的标称截面,mm^2;②当产品可适用于多个标号的导线时,为简化主参数数字,采用组合号以代表相应范围内的导线标称截面;③表示标称破坏荷重标记;④表示间距,cm(或 mm);⑤表示母线的规格,mm;⑥表示圆杆件的直径,mm;⑦表示圆杆件的长度,mm;⑧表示适用电压,kV。

组合号代表相应范围内的导线标称截面见表 2-3。

表 2-3　组合号代表相应范围内的导线标称截面

组合号	导线截面/mm^2	
	铝绞线、钢芯铝绞线	钢绞线
0	16～25	25～35
1	35～50	50～70
2	70～95	100～120
3	120～150	135～150
4	185～240	
5	300～400	
6	500～630	

附加字母是补充性的区分代号,字母代表的意义为:

(1)以 A、B、C 作区分表示,字母含义见表2-4。

表2-4　附加字母的含义(1)

区分	区分长度	区分引流角度/(°)	区分附件构件
A	短型	0	附碗头挂板
B	长型	30	附 U 形挂板
C		90	

(2)用附加字母区分导线结构,字母含义见表2-5。

表2-5　附加字母的含义(2)

代表字母	L	Q	J	G	B	K	H	HG	BG	Z	N
导线结构型式	铝绞线	减轻型	加强型	钢绞线	铝包钢	扩径	铝合金	钢芯铝合金	钢芯铝包钢	自阻尼	耐热铝合金

部分金具命名示例见表2-6。

表2-6　金具型号命名示例

产品型号示例	首位字母含义	二、三字母含义	主参数含义	附加字母含义
PD—0720 P—2030	P—平行挂板	D—单板	标称破坏荷载 前两位表示标称破坏荷载,后两位表示孔距(cm)	
Q—7 QP—10 QY—7	Q—球头牵引板	P—平面接触 Y—引	标称破坏荷载 标称破坏荷载 标称破坏荷载	
SLG—1A SY—35/6B	S—设备线夹	L—螺栓型、G—过渡 Y—压缩型	绞线组合号 铝截面积/钢截面积	A—0°,C—45° B—30°,D—90°
W—7A WS—21	W—碗头挂板	S—双联	标称破坏荷载 标称破坏荷载	A—短型 B—长型

2. 光缆金具的命名规则

光缆金具名称组成如图 2-8 所示。

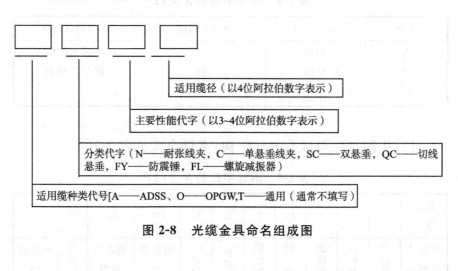

适用缆径（以4位阿拉伯数字表示）

主要性能代字（以3~4位阿拉伯数字表示）

分类代字（N——耐张线夹，C——单悬垂线夹，SC——双悬垂，QC——切线悬垂，FY——防震锤，FL——螺旋减振器）

适用缆种类代号[A——ADSS、O——OPGW,T——通用（通常不填写）

图 2-8　光缆金具命名组成图

第二节　架空线路电力金具

一、悬垂金具

定义:用于悬挂或支托导线,主要承受垂直荷重的金具。

作用:用于架空电力线路或变电所,通过联接金具将导线、避雷线悬挂在绝缘子上或将避雷线悬挂在杆塔上。

主要指标:①悬垂线夹的悬垂角不小于 25°;②悬垂线夹的曲率半径不小于被安装导线的 8 倍;③悬垂线夹对不同的导线的握力与导线额定抗拉强百分比不小于规定数值;④悬垂线夹的安全系数 2.5。

1. 带 U 型螺栓的悬垂线夹

带 U 形螺栓的悬垂线夹如图 2-9 所示,其特点为:①线夹本体压板和碗头用可锻铸铁制造；②闭口销用不锈钢制造；③其余为钢制件。

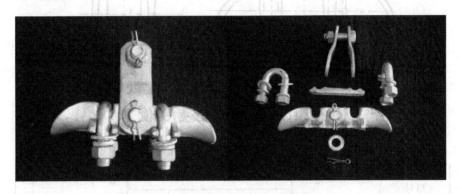

图 2-9　带 U 形螺栓的悬垂线夹

可锻铸铁和钢制件均采用热镀锌工艺防腐蚀加工处理。

2. 上杠式悬垂线线夹

上杠式悬垂线夹实物如图 2-10 所示,结构尺寸如图 2-11 和表 2-7 所示。

(1)上杠式悬垂线线夹的特点。上杠式悬垂线的船体轴位于导线的中心线以下,有不稳定的趋势,其旋转往往超过导线的偏转。

(2)上杠式悬垂线夹的作用。主要用于将架空地线顶在塔顶上时,以及分裂导线要进行上杠布置方式时才采用。

(3)上杠式悬垂线夹的型号。其型号为 CGF—XK,其中型号中字母及数字意义为:C——悬垂线夹;G——固定;F——防晕型;数字——适用导线组合号;附加字母 K——上杠。

图 2-10　上杠式悬垂线夹实物

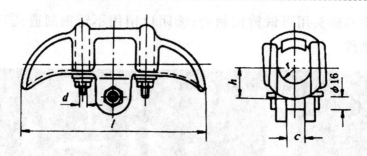

图 2-11　上杠式悬垂线夹尺寸图

表 2-7　上杠式悬垂线线夹命名

型号	适应导线范围/mm，K	主要尺寸/mm				破坏荷重/kN	重量/kg
		c	h	l	R		
XGF—5K	23.7	24	25	300	17.0	70	2.38
XGF—65K	26.8	24	25	300	23.08	70	2.50

（4）上杠式悬垂线夹材料组成：①本体及压板采用 ZL－102 铝合金制造；②闭口销采用不锈钢；③其余：钢件。

3. 下垂式悬垂线夹

下垂式悬垂线夹实物如图 2-12 所示，结构尺寸见表 2-7。下垂式悬垂线夹型号为 CGF—XX 型；其型号中字母及数字意义为：X——悬垂线夹；G——固定；F——防晕型；数字——适用导线组合号；附加字母 X——下垂。

图 2-12　下垂式悬垂线夹实物

表 2-8 下垂式悬垂线线夹命名

型号	适应导线范围 /mm	主要尺寸/mm				破坏荷重 /kN	重量 /kg
		c	h	l	R		
CGF—5X	24.2～33.0	18	130	300	17.0	70	3.55
CGF—6X	34.0～45.0	20	140	300	23.0	90	4.00

下垂式悬垂线夹的材料组成：①本体及压板采用 ZL－102 铝合金制造；②闭口销采用不锈钢；③其余：钢件。

4. 四分裂跳线用线夹

四分裂跳线用线夹的规格型号为 CTF—××型和 CT—××型，其实物如图 2-13 所示。

四分裂跳线用悬垂线夹的材料：①本体和压板为铸铝件；②闭口销为不锈钢件；③其余为热镀锌钢件。

图 2-13 四分裂跳线用线夹实物图

5. 架空地线用悬垂线夹

架空地线用悬垂线夹与导线用的悬垂线夹，其基本原理、结构相同。它们的主要区别是架空地线用悬垂线夹不输送电流，如图 2-14 所示。

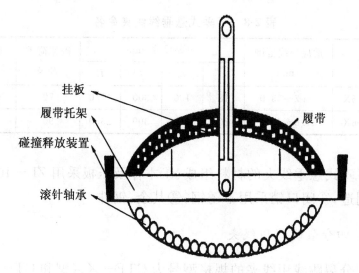

挂板

履带托架

碰撞释放装置

履带

滚针轴承

图 2-14　履带式大跨越悬垂线夹图

二、耐张金具

定义：用于固定导线的端头，并承受导线张力的金具，常见耐张线夹如图 2-15 所示。

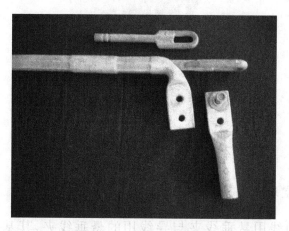

图 2-15　常见耐张线夹

作用：主要用于在耐张、转角、终端杆塔的绝缘子串上固定导线和避雷线。

主要指标：①耐张线夹的握力不小于导线的 90%UTS；②螺栓型耐张线夹的曲率半径应不小于导线的 8 倍；③线夹的温升应不大于导线的温升；④线夹的出口和接续管出口均应作成圆滑的喇叭口状；⑤线夹的载流量不小于导线的载流量；⑥线夹的电阻应不大于被安装等长导线电阻的 1.1 倍。

耐张线夹按结构和安装条件大致可分为螺栓型、爆压型、液压型三大类。

螺栓形耐张线夹安装大截面钢芯铝绞线时，线夹的握力达不到规定的要求，而爆压施工危险性大、难以确保施工质量，因此当前 500kV 输电线路导线耐张线夹均为液压型。

由于耐张线夹不但承受导线的全部拉力，而且又作为导电体，因此，采用液压时，必须用一定规格的钢模和液压机进行压缩。定型的压缩耐张线夹，无论是钢管还是铝管，均采用圆形管，压缩后为正六边形，六边形对边尺寸应为管子外径的 0.866 倍。

常用钢芯铝绞线压缩型耐张线夹如图 2-16 所示，线夹型号为 NY—××G。由铝管与钢锚组成，钢锚用来接续和锚固钢芯铝绞线的钢芯，然后套上铝管本体，以压力使金属产生塑性变形，从而使线夹与导线结合为一个整体。安装方便，跳线端子另行安装，长度可以调节。

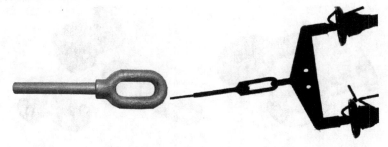

图 2-16　地线用压缩型耐张线夹，型号为 NY—××G

先将导线的钢芯与钢锚的钢管压缩成一个整体，再将铝管本体与环箍压缩成一个整体。线夹的钢锚承担钢芯的拉力，导线全部拉力由钢锚的环箍承担。

三、连接金具

定义:用于将绝缘子连成串及金具与金具之间的连接的承受机械荷载的金具。

作用:①用来将悬式绝缘子组装成串,悬挂在杆塔横担上;②将悬垂线夹和耐张线夹与绝缘子串的连接,悬挂在杆塔横担上;③拉线金具用于与杆塔的连接。

主要指标:①金具的安全系数一般为 2.5;②破坏载荷系列分13 个等级:40、70、100、120、160、210、250、300、400、500、600、800、1000kN;③螺栓、螺栓连接等尺寸要求。

按使用的条件和结构特点,分为三大系列:球——窝系列、板——板系列、环——链系列。

1. 球——窝系列

球——窝系列是专用联结金具,如图 2-17 所示,根据与绝缘子连接的结构特点设计出来的,用于直接与绝缘子相连。

因此,连接部位的结构和尺寸与绝缘子相同。

图 2-17　球——窝系列联结金具

XP 系列绝缘子的 160kN 级及以下锁紧销采用 W 型推拉销,210kN 级及以上锁紧销采用 R 形推拉销,如图 2-18 所示。

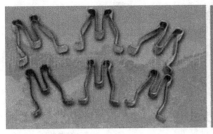

图 2-18　W 型推拉销及 R 型推拉销

　　绝缘子装卸时只需将销子从销孔拉出(但仍挂在铁帽窝内)推进,无需取出,并可重新打入,既方便装卸,又可避免销子丢失,推拉示意图如图 2-19 所示。

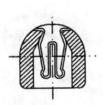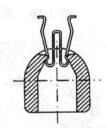

（a）"W"形弹簧销在锁住时的位置　　　（b）"W"形弹簧销在放开时的位置

图 2-19　W 型推拉销及 R 型推拉销推拉示意图

2. 板-板系列

　　板-板系列联结金具如图 2-20 所示,是借助与螺栓或销钉才能实现连接的金具。

3. 环-链系列

　　环-链系列联结金具(如图 2-21 所示),采用与环相连接的结构,属于线线接触金具。

　　连接金具配置原则:球与碗相配;环与环相扣;板与杆(螺栓杆)相配,如图 2-22 所示。

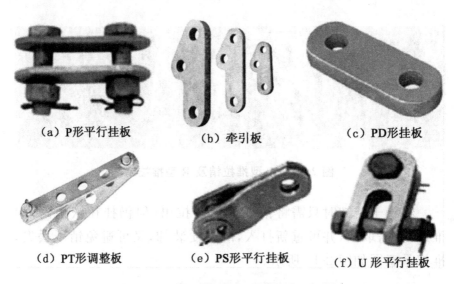

（a）P形平行挂板　　　　　（b）牵引板　　　　　（c）PD形挂板

（d）PT形调整板　　　（e）PS形平行挂板　　　（f）U形平行挂板

图 2-20　常见板-板系列联结金具实物

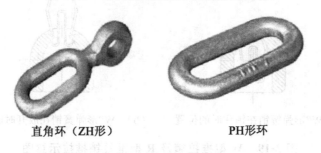

直角环（ZH形）　　　　　　　　PH形环

图 2-21　常见环-链系列联结金具实物

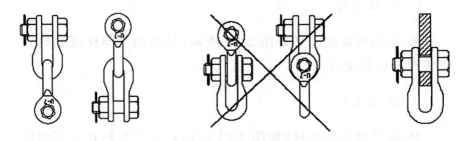

图 2-22　连接金具配置原则

连接金具与杆塔的连接形式及连接实物如图 2-23、图 2-24 所示。

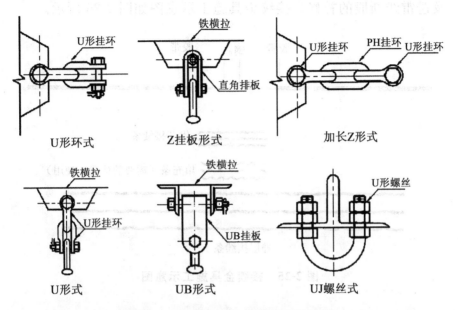

图 2-23　连接金具与杆塔的连接形式

图 2-24　接金具与杆塔的连接实物

四、接续金具

定义：用于导线，并能满足机械和电气性能要求的金属管件。

作用：用于架空电力线路的导线及避雷线的两终端承受导线及避雷线全部张力的接续和不承受全部张力的接续；也用于导线

及避雷线断股的补修。接续金具施工示意图如图 2-25 所示。

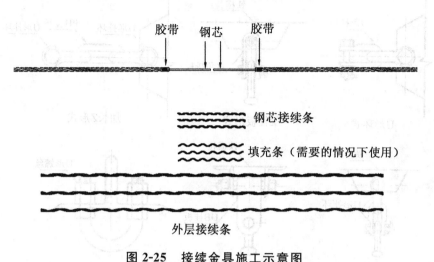

图 2-25　接续金具施工示意图

主要指标:①接续点的机械强度不小于被接续导线的 90%UTS;②接续电阻应不小于等长的导线电阻;③在额定电压下,长期通过最大负荷电流时,温升不应高于导线温升。④安装时应该按照严格的施工技术要求来进行。

五、防护金具

定义:保护金具,也称为防护金具,包括用于导线的机械防护金具和用于绝缘子的电气保护金具两大类。

安装保护金具目的:

架空输电线路导线和避雷线在风作用下,将引起在垂直面上的周期摆动,且在整个档距形成一系列振幅不大的驻波;若导线长期振动会使导线材料产生附加的机械应力,随着时间的推移导致使导线产生疲劳断裂;周期性振动还可能使绝缘子钢脚松动脱落、金具配件磨损,甚至造成杆塔的破坏。

为此必须对导线的振动采取保护,以此加强导线抗振能力和消除导线振动。

防护金具主要分为两类:机械保护金具、电气保护金具。

1. 机械保护金具

有防止导线和避雷线振动的防振锤、重锤片、间隔棒等,如图 2-26 所示。

2. 电气保护金具

有用于导线、避雷线防振,改善绝缘子串的电压的分布,减少或消除电晕,防止电弧烧伤绝缘子的均压环、屏蔽环等。

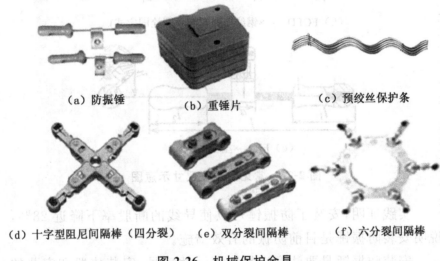

(a) 防振锤　　　　(b) 重锤片　　　　(c) 预绞丝保护条

(d) 十字型阻尼间隔棒（四分裂）　(e) 双分裂间隔棒　　(f) 六分裂间隔棒

图 2-26　机械保护金具

3. 防振锤

由于高压架空线路的档距较大,杆塔也较高,当导线受到大风吹动时,会发生较强烈的振动。导线振动时,导线悬挂处的工作条件最为不利。长时间和周期性的振动,将造成导线疲劳损坏,使导线发生断股、断线。有时强烈的振动还会损坏金具和绝缘子。为了防止和减轻导线的振动,一般在悬挂导线线夹的附近安装一定数量的防振锤,常见防震锤尺寸示意图如图 2-27 所示。

在导线产生振动时,悬挂在导线上的防振锤的相对运动吸收了最大的能量,从而降低和消除了导线的振动。

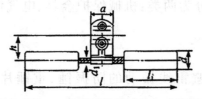

（a）（FD —×型导线防振锤绞扣式单螺栓固）

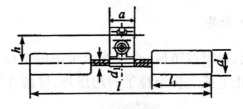

（b）FGFD —××钢线防振锤（单螺栓固定式)

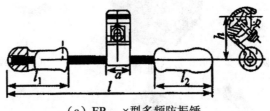

（c）FR —×型多频防振锤

图 2-27　常见防震锤尺寸示意图

实践证明,安装了防振锤可以使导线的断股率下降近 28%,说明安装防振锤是目前防振的有效措施。

安装防振锤是要注意选择防振锤的型号、安装位置和安装的数量。

如果选择的防振锤的型号不当、安装位置不对和安装的数量过多或过少,就不但起不到防振锤的作用,甚至适得其反。

（1）防振锤过重会使该处架空导线出现"死点",发生断股。

（2）防振锤过轻不仅不能抑制架空导线的振动,还将导致防振锤自身的破坏。

（3）位置不当,就不能充分发挥防振锤的作用,达到减轻导线振动的目的。

FR 型防振锤的结构特性:①两个锤头的质量不等,钢索两侧的长度不等,可获得 4 个谐振频率。②锤头间开槽,呈音叉式,钢吊索与锤头连接处外露,可以观察钢吊索的疲劳损失。③锤头和线夹呈流线型,没有棱角,具有美观大方、新颖的特点。

预绞式防振锤如图2-28所示,采用挂钩加预绞丝跟线缆连接的方式,预绞丝具有出众的抗疲劳性能,预绞式有效地防止了现有防振锤由于螺栓松动而滑移影响防振效果。预绞丝是预成形螺旋线条,它可以将对导线的静态压应力均匀地分散到较大的区域内,降低了局部压应力,变螺栓连接的刚性连接为柔性连接,增强了线缆的自阻尼,而且直接可以徒手安装不需要专门的工具,频率覆盖区域较广,高频响应较好,能满足特种防振功率要求,从而确保了线路安全运行。

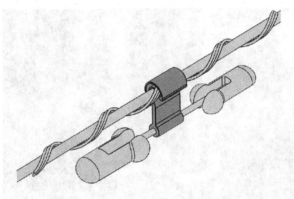

图 2-28　预绞式防振锤示意图

4. 间隔棒

间隔棒(如图2-29所示)是使分裂导线的子导线之间保持固定间隔的金具,其作用为:①防止导线之间的鞭击;②抑制微风振动;③抑制档距的振荡。

5. 电气保护金具

电气保护金具是兼有均压和屏蔽作用的环状金具。用于导线、避雷线防振,改善绝缘子串的电压的分布;减少或消除电晕,防止电弧烧伤绝缘子。包括均压环、屏蔽环及均压屏蔽环。均压环(如图2-30所示)是改善绝缘子串电压分布的环状金具,屏蔽环是使被屏蔽范围内不出现电晕现象的环状金具。

图 2-29　JZF 方形阻尼间隔棒

图 2-30　常见均压环实物

500kV 超高压输电线路中绝缘子串中每片绝缘子上的电压分布是不均匀的,特别靠近导线的第一片绝缘子片承受电压极高,因此,它的劣化率高。为此,将均压环安装在与第二片绝缘子裙相平。因为装低了均压的效果不够,装高了则过多地削弱了绝缘强度。对 500kV 的线路安装均压环后第一片绝缘子的电压可下降至 7.8%,控制了绝缘子的电晕。

在 500kV 线路上,为简化均压环和屏蔽环的安装条件,大多将这两种环设计成一个整体,称为均压屏蔽环。

一般来说,均压环本身除均压外,还起屏蔽作用。均压环是对绝缘子的保护,屏蔽环是对金具的保护。因此要求屏蔽环自身应屏蔽,即管件的表面应光洁无毛刺,以求达到自身不产生电晕的目的。

在输电线路中,除采用均压环、屏蔽环和均压屏蔽环,还可以利用分裂导线自行均压和屏蔽。具体措施是抬高分裂导线的位置,利用两根上导线代替均压环的方法来实现控制电晕现象的产生。

其优点是缩短了绝缘子串,缩小了塔头,降低了塔高,省去了均压屏蔽紧具。在 500kV 线路上工程中,应用了上杠、下垂组合的方式(悬垂线夹为防电晕型),实现了控制电晕的目的。

第三节　杆塔及金具的螺栓、销钉穿入方向

一、杆塔组立时螺栓的穿入方向规定

1. 立体结构

(1)水平方向由内向外。

(2)垂直方向由下向上。

(3)斜向者宜由斜下向斜上穿,不便时应在同一斜面内取统一方向。

2. 平面结构

(1)顺线路方向由送电侧穿入或按统一方向穿入;

(2)横线路方向,两侧由内向外,中间由左向右或按统一方向穿入;

(3)垂直地面方向者由下向上;

(4)斜向者宜由斜下向斜上穿,不便时应在同一斜面内取统

一方向；

(5)对于十字形截面组合角钢主材肢间连接螺栓，应顺时针安装。

各类型杆塔螺栓穿向如图 2-31～图 2.35 所示。

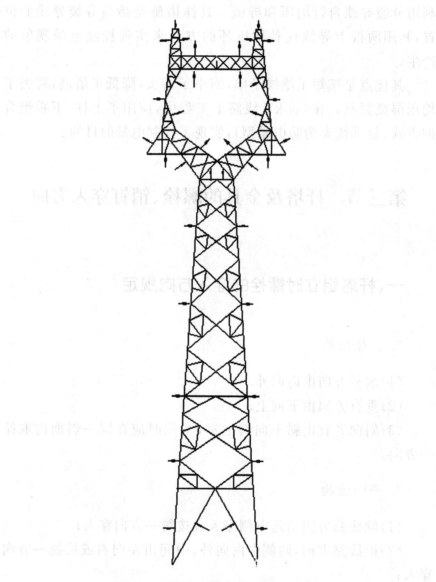

图 2-31　猫头形塔螺栓穿向示意图

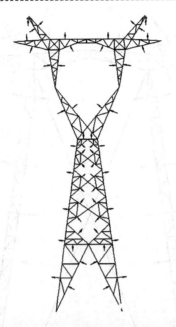

图 2-32　酒杯形塔螺栓穿向示意图

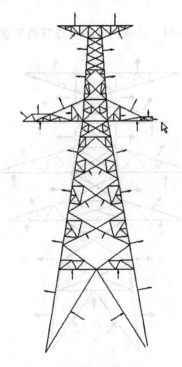

图 2-33　干字形塔螺栓穿向示意图

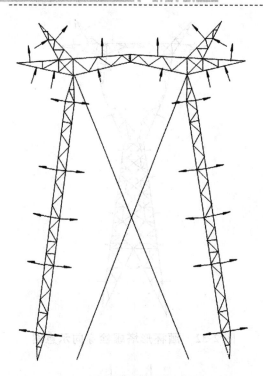

图 2-34   拉线门形塔螺栓穿向示意图

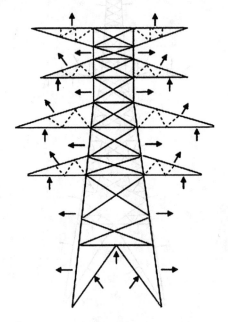

图 2-35   双回路塔螺栓穿向示意图

二、金具的螺栓、穿钉及弹簧销子的穿入方向规定

绝缘子串、导线及架空地线上的各种金具上的螺栓、穿钉及弹簧销子除有固定的穿向外,其余穿向应统一,并应符合下列规定:

(1)单悬垂串上的弹簧销子应由小号侧向大号侧穿入,使用W形弹簧销子时,绝缘子大口应一律朝小号侧。使用R形弹簧销子时,大口应一律朝大号侧。螺栓及穿钉凡能顺线路方向穿入者,应一律由小号侧向大号侧穿入,特殊情况两边线可由内向外,中线可由左向右穿入;直线转角塔上的金具螺栓及穿钉应由上斜面向下斜面穿入。

(2)单相双悬垂串上的弹簧销子应对向穿入,螺栓及穿钉的穿向应符合(1)要求。

(3)耐张串上的弹簧销子、螺栓及穿钉应一律由上向下穿;当使用W形弹簧销子时,绝缘子大口应一律向上;当使用R形弹簧销子时,绝缘子大口应一律向下,特殊情况两边线可由内向外,中线可由左向右穿入。

(4)分裂导线上的穿钉、螺栓应一律由线束外侧向内穿。

(5)当穿入方向与当地运行单位要求不一致时,应在架线前明确规定。

第三章　无人机系统原理

随着无人机技术的发展,无人机在越来越多的领域得到应用。为了方便大家对无人机有一个全面的了解,本章从无人机相关概念、无人机系统组成以及无人机相关飞行原理和飞行性能等方面进行了详细的介绍。

第一节　概述

一、无人机系统相关定义

无人驾驶航空器简称无人机,也称遥控驾驶航空器,是一架由遥控站管理(包括远程操纵或自主飞行)的航空器。

无人机系统是指无人机及其相关的通信站、起飞回收装置以及无人机的检测、运输设备等的统称。

无人机系统驾驶员,是指由运营人指派对无人机的运行负有主要责任并在飞行期间适时操纵飞行控制的人。

无人机系统的机长,是指在系统运行时间内负责整个无人机系统运行和安全的驾驶员。

二、无人机的分类

随着无人机技术的发展,国内外出现了种类繁多、各具特点、用途不一的无人机系统。这些无人机在质量、大小、最大航程、飞行高度和速度等方面都有明显差异。针对这些差异,根据某一个或某几个方面的考虑对无人机进行分类,并且这些分类方法相互重叠,没有严格的界限。

按飞行平台构型分类,无人机可分为固定翼无人机、旋翼无人机、无人飞艇、伞翼无人机、扑翼无人机等。按飞行平台构型分类无人机如图 3-1 所示。

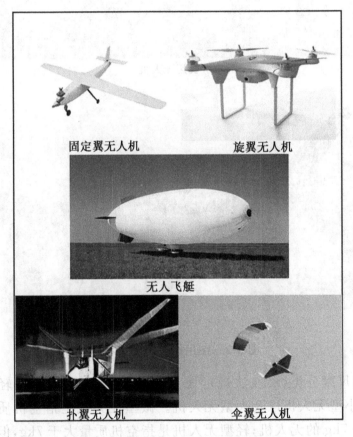

图 3-1　按飞行平台构型分类无人机

按用途分类,无人机可分为民用无人机和军用无人机。民用无人机可分为巡查/监视无人机、农用无人机、气象无人机、勘探机以及测绘无人机等;军用无人机可分为侦察无人机、诱饵无人机、电子对抗无人机、通信中继无人机、无人战斗机以及靶机等。

按用途分类无人机如图 3-2 所示。

（a）民用无人机

（b）军用无人机

图 3-2　按用途分类无人机

按尺度分类（民航法规），无人机可分为微型无人机、轻型无人机、小型无人机以及大型无人机。微型无人机是指空机质量小于等于 7kg 的无人机；轻型无人机是指空机质量大于 7kg，但小于等于 116kg 的无人机，且全马力平飞中，校正空速小于 100km/h（55nmile/h），升限小于 3000m 的无人机；小型无人机，是指空机质量小于等于 5700kg 的无人机，微型和轻型无人机除外；大型无人机，是指空机质量大于 5700kg 的无人机。

微型、轻型、小型以及大型无人机如图 3-3 所示。

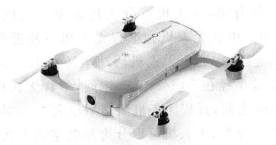

（a）微型无人机

（b）轻型无人机

（c）小型无人机

（d）大型无人机

图 3-3　微型、轻型、小型以及大型无人机

按活动半径分类,无人机可分为超近程无人机、近程无人机、短程无人机、中程无人机和远程无人机。超近程无人机活动半径在 15km 以内,近程无人机活动半径在 15～50km 之间,短程无人机活动半径在 50～200km 之间,中程无人机活动半径在 200～800km 之间,远程无人机活动半径大于 800km。

按任务高度分类,无人机可以分为超低空无人机、低空无人机、中空无人机、高空无人机和超高空无人机。超低空无人机任务高度一般在 0～100m 之间,低空无人机任务高度一般在 100～1000m 之间,中空无人机任务高度一般在 1000～7000m 之间,高空无人机任务高度一般在 7000～18000m 之间,超高空无人机任务高度一般大于 18000m。

第二节　无人机系统组成及介绍

典型的无人驾驶航空器系统是由飞行器平台、控制站、通信链路等部件组成的系统。

一、飞行器平台

飞行器是由人类制造、能飞离地面、在大气层内或大气层外空间飞行的机械飞行物。在大气层内飞行的称为航空器,在太空飞行的称为航天器。

航空器依据获得升力的方式不同分为两大类,一类是轻于空气的航空器,依靠空气的浮力飘浮于空中,如气球、飞艇等;另一类是重于空气的航空器,包括非动力驱动和动力驱动两种类型。无人机系统飞行器平台主要使用的是重于空气的动力驱动的航空器。

从飞行器平台技术本身来讲,本质上无人机与有人机没有太大差别,但无人机系统飞行器平台有几大优势。这主要体现在以下五个方面：

（1）无须生命支持系统，平台规模尺度较小，更加简化。

（2）无须考虑过载、耐久等人为因素，平台更加专用化。

（3）为降低采购价格，相对于有人机在一定程度上放宽了可靠性指标。

（4）对场地、地面保障等依赖减小。

（5）训练可大量依赖于模拟器，节省飞行器实际使用寿命。

二、航空器平台

1. 固定翼平台

固定翼平台也就是日常我们所见到的飞机，其通过动力装置产生前进的推力或拉力，根据空气动力学原理由机体上固定的机翼产生升力，进而在大气中飞行。无人机固定翼平台如图 3-4 所示。

图 3-4　无人机固定翼平台

虽然功能不同，但大多数固定翼航空器平台的主要结构是相同的。大部分飞机结构包含机身、机翼、尾翼、起落架和发动机等，如图 3-5 所示。

图 3-5 固定翼飞行器通用结构

（1）机身。机身的主要功用是装载设备、燃料和武器等,同时它是其他结构部件的安装基础,用以将尾翼、机翼、起落架等连接成一个整体。

（2）机翼。机翼是固定翼飞行器产生升力的部件,机翼后缘有可操纵的活动面,一般靠外侧的叫作副翼,用于控制飞机的滚转运动,靠内侧的则是襟翼,用于增加起飞着陆阶段的升力。

（3）尾翼。尾翼是用来配平、稳定和操纵固定翼飞行器飞行的部件,通常包括垂直尾翼（垂尾）和水平尾翼（平尾）两部分。垂直尾翼由固定的垂直安定面和安装在其后部的方向舵组成;水平尾翼由固定的水平安定面和安装在其后部的升降舵组成。方向舵用于控制飞机的横向运动,升降舱用于控制飞机的纵向运动。

（4）起落架。起落架是用来支撑飞行器停放、滑行、起飞和着陆滑跑的部件,一般由支柱、缓冲器、刹车装置、机轮和收放机构组成。陆上飞机的起落装置一般由减震支柱和机轮组成,此外还有专供水上飞机起降的带有浮筒装置的起落架和雪地起降用的滑橇式起落架。

2. 旋翼平台

旋翼平台即旋翼航空器平台,旋翼航空器是一种重于空气的航空器,其在空中飞行的升力由一个或多个旋翼与空气进行相对运动的反作用获得。现代旋翼航空器通常包括直升机、旋翼机和变模态旋翼机三种类型。

(1)直升机。直升机依靠由一个或多个水平旋转的旋翼提供升力和推进力而进行飞行。直升机可以进行垂直升降、悬停、小速度向前或向后飞行。但是直升机速度低、耗油量较高、航程较短。无人直升机平台如图 3-6 所示。

图 3-6　无人直升机平台

直升机的升力来自于绕固定轴旋转的"旋翼"。直升机的旋翼是依靠自身旋转产生与空气的相对运动。但是,在旋翼提供升力的同时,直升机机身也会因反扭矩的作用而具有向反方向旋转的趋势。为了克服"旋翼"旋转产生的反作用扭矩,最常见的是安装尾桨,在机身尾部产生抵消反向运动的力矩。这种直升机叫做单旋翼直升机。另外一种做法是采用旋翼之间反向旋转的方法来抵消反扭矩的作用,即多旋翼直升机。

(2)多轴飞行器。多轴飞行器是一种特殊的直升机,其具有三个及以上旋翼轴。通过每个轴上的电动机转动,带动旋翼,从而产生升推力。和一般直升机不同的是多轴飞行器旋翼的总距固定。通过改变不同旋翼之间的相对转速,可以改变单轴推进力的大小,从而控制飞行器的运行轨迹。多轴旋翼无人机平台执行喷洒农药任务如图 3-7 所示。

图 3-7 多轴旋翼无人机平台执行喷洒农药任务

常见的多旋翼无人机有四轴、六轴、八轴。它的体积小、重量轻,便于携带,能进入各种恶劣环境执行任务。它的旋翼角度固定,结构比较简单;旋翼的叶片比较短,叶片末端的线速度慢,碰撞时冲击力小,不容易损坏。有些小多旋翼无人机的旋翼安装了外框,更安全。现如今航拍电影、实时监控、地形勘探等飞行任务多用多旋翼无人机。微型四轴无人机平台如图 3-8 所示。

图 3-8 微型四轴无人机平台

（3）旋翼机。自转旋翼机简称旋翼机或自旋翼机，是旋翼航空器的一种。它的旋翼没有动力装置驱动，其升力来自于前进时的相对气流吹动旋翼的自转。旋翼机前飞动力来自于独立的推进或拉进螺旋桨，其方向由用尾舵控制。旋翼机必须滑跑加速才能起飞，但旋翼机不能稳定的垂直起降和悬停。与直升机相比，旋翼机的造价比较低、结构也很简单、安全性较高，一般用于通用航空或运动类飞行。

自转旋翼机无人机平台如图 3-9 所示。

图 3-9　自转旋翼机无人机平台

虽然自转旋翼机的形式多种多样，但其基本构成要素是一样的。通常由机身、动力系统、旋翼系统、尾翼和起落架五个部分构成。

机身：提供其他部件的安装结构。

动力系统：提供旋翼机向前飞行的推力，在飞行时和旋翼系统无关。

旋翼系统：提供旋翼机飞行所必需的升力和控制能力。

尾翼：提供稳定性和俯仰、偏航控制。

起落架：提供在地面上的移动能力，类似于固定翼飞机的起落架。

三、多旋翼无人机系统

多旋翼无人机系统主要包括动力系统、导航飞控系统、地面站系统、数据链路等组成。

(一)动力装置

航空器的发动机以及保证发动机正常工作所必需的系统和附件的总称。

无人机使用的动力装置主要有活塞式发动机、涡喷发动机、涡扇发动机、涡桨发动机、涡轴发动机、冲压发动机、火箭发动机、电动机等。民用无人机通常采用活塞式发动机和电动机两种。其中大型、小型、轻型无人机广泛采用活塞式发动机系统,而微型无人机则普遍处于方便和成本因素所采用的是电动机系统。多旋翼无人机动力系统则主要由动力电机、动力电源、调速系统、螺旋桨四部分组成。

1. 动力电机

微型无人机使用的动力电机为有刷电动机和无刷电动机。因无刷电机较有刷电动机效率高的多,现在普遍使用无刷电机。

电动机的型号主要以尺寸为依据。比如,有刷 380 电机,是指它不包括轴的长度是 38mm;无刷外转子 2208 电机是指它定子线圈的外径是 22mm,定子线圈的高度是 8mm。与无人机动力特性最相关的两个电动机指标是转速和功率。一般用 kV 来表示转速,所谓 kV 是指每伏特(V)能达到的每分钟转速。比如,使用 kV1000 的电机,11.1V 电池,电机转速应该是 $1000 \times 11.1 = 11100$,即每分钟 11100 转。4110 外转子无刷动力电机如图 3-10 所示。

电动机结构简单、重量轻、使用方便、可使无人机的噪声和红外特性很小,同时提供的比功率与内燃机也差不多。低空、低速、微型无人机一般采用电动机。

图 3-10　4110 外转子无刷动力电机

2. 动力电源

电动机的运转所需电能由动力电源提供。电动无人机的动力电源主要为化学电池，主要类型有镍氢电池、镍铬电池、锂聚合物、锂离子动力电池等。其中，镍氢电池、镍铬电池重量比较重且能量密度低，所以现在一般使用锂聚合物动力电池。

无人机动力系统设计中最关心的是电压、容量和放电能力。电池的电压用伏特（V）来表示。标称电压只是厂家按照国家标准标示的电压，实际上使用时电池的电压是不断变化的。如锂聚合物电池的标称电压是 3.7V，充电后电压可达 4.2V，放电后的保护电压为 3.6V。在实际使用过程中，电池的电压会产生压降，电池所带的负载越大，电流越大，电池的电压就越小，在去掉负载后电池的电压还可恢复到一定值。电池的容量是用毫安时（mAh）来表示，其代表意思是电池以某个电流来放电能维持 1 小时。例如，2000mAh 就是这个电池能保持 2000 毫安（2 安培）放电 1 小时。但是电池的放电并非是线性的，所以我们不能说这个电池在1000 毫安时能维持 2 小时。一般来说，电池的体积越大，它储存的电量就越多，这样飞机的重量也会增加，所以应选择适合无人机的电池。锂聚合物电池如图 3-11 所示。

电池的放电能力是以倍率（C）来表示的，它的意思是说按照电池的标称容量最大可达到多大的放电电流。如图 3-11 所示一个 16000mAh、15C 的电池,最大放电电流可达 16000×15＝240000 毫安,即 240 安培(A)。

图 3-11　锂聚合物电池

电池的寿命受充电过程的影响很大。通常电池的充电时间与充电电流有关。一个电池的容量为 2000mAh,充电电压略高于额定电压,充电器的电流是 1000mA,那么充电时间就等于 2000÷1000＝2,即 2 小时。但这只是说从零电压充起理想情况下,一般还要考虑电池原有电量来计算充电时间。通过上面的公式可以看出充电电流越大充电时间越小,但是实验表明采用大电流充电会破坏电池的性能,也可能充上的只是浮电,用一会就没有电了。通常厂家要求的电流充电为 0.1C,而锂聚合物电池因为性能优越可以用 1C 的电流充电,前提是要保证冷却通风。

3. 调速系统

动力电机的调速系统称为电调,全称电子调速器(Electronic Speed Controller,ESC)。根据动力电机的不同,电调可分为有刷电调和无刷电调。它根据控制信号调节电动机的转速。

电调的连接如图 3-12 所示:

电调的两根输入线与电池相连;

电调的输出线(有刷电调 2 根、无刷电调 3 根)与电机相连;

电调的信号线连接接收机。

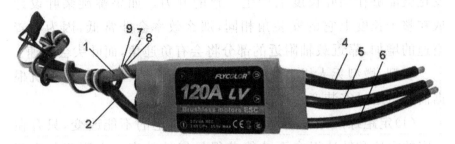

图 3-12　电子调速器接线图

1、2——电池的正负极；4、5、6——接无刷电机；7、8——飞控的正负极；9—信号线

另外，电调一般有电源输出功能（BEC），即在信号线的正负极之间有 5V 左右的电压输出，通过信号线为接收机及舵机供电。

4. 螺旋桨

螺旋桨是一个旋转的翼面，适用于任何机翼的诱导阻力，也适用于失速和其他空气动力学原理。飞机在空气中移动所需的拉力或推力由螺旋提供。螺旋桨产生推力的方式非常类似于机翼产生升力的方式。产生的升力大小由桨叶的形态、螺旋桨叶迎角和发动机的转速决定。螺旋桨叶本身是扭转的，因此桨叶角从毂轴到叶尖是变化的。最大安装角在毂轴处，而最小安装角在叶尖。螺旋桨截面安装角的变化如图 3-13 所示。

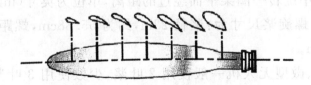

图 3-13　螺旋桨截面安装角

螺旋桨叶扭转的原因是为了从毂轴到叶尖产生一致的升力。当桨叶旋转时，桨叶的不同部分有不同的实际速度。桨叶尖部线速度比靠近毂轴部位的要快，因为相同时间内叶尖要旋转的距离比毂轴附近要长。从毂轴到叶尖安装角的变化和线速度的相应

变化就能够在桨叶长度上产生一致的升力。如果螺旋桨叶设计成在整个长度上它的安装角相同,那么效率会非常低,因为随着空速的增加,靠近毂轴附近的部分将会有负迎角,而叶尖会失速。

轻型、微型无人机一般安装定距螺旋桨,大型、小型无人机根据需要可通过安装变距螺旋桨提高动力性能。

(1)定距螺旋桨。定距桨的桨距是固定的不能改变,只有在一定的空速和转速组合下才能获得最好的效率。定距桨分为两类:爬升螺旋桨和巡航螺旋桨。飞机根据不同用途安装爬升螺旋桨或者巡航螺旋桨。

爬升螺旋桨桨距比较小,受到的旋转阻力更少。所有转速更高,且具有更多的功率能力,增加了起飞和爬升时的性能,但是却降低了巡航飞行时的性能。

巡航螺旋桨桨距大,受到的旋转阻力更多。所以转速低,有较低的功率能力,它起飞和爬升性能较低,但是高速巡航飞行效率较高。螺旋桨通常安装在轴上,这个轴可能是发动机曲轴的延伸。在这种情况下,螺旋桨转速就和曲轴的转速相同了。有些螺旋桨是安装在和发动机曲轴经齿轮传动的轴上。这时,曲轴的转速就和螺旋桨的转速不同了。

轻型、微型无人机常用定距螺旋桨,尺寸通常用 X×Y 来表示,其中 X 代表旋桨直径,单位为英寸(in),Y 代表螺距,即螺旋桨在空气中旋转一圈桨平面经过的距离,单位为英寸(in)。例如,22×10 的螺旋桨尺寸为:桨径 22in,约为 55.88cm,螺距 10in,约为 25.4cm。

轻型、微型无人机一般使用 2 叶桨,少数使用 3 叶桨或 4 叶桨等。根据无人机行业习惯,通常定义右旋前进的螺旋桨为正桨,左旋前进的螺旋桨为反桨。桨径 20in 以下的螺旋桨多采用木材、工程塑料或碳纤维等材质。部分螺旋桨桨叶设计成马刀形状,桨尖后掠,这样可以在一定程度上提高效率。

(2)变距螺旋桨。一些较旧的可调桨距螺旋桨只能在地面调节,大多数现代可调桨距螺旋桨被设计成可以在飞行中调节螺旋桨的桨距。第一代可调桨距螺旋桨只提供两个桨距设定——低桨距设定和高桨距设定。现在几乎所有可调桨距螺旋桨系统都可以在一个范围内调节桨距。最常见的可调桨距螺旋桨是恒速螺旋桨。恒速螺旋桨可以在大的空速和转速组合范围内把发动机功率的大部分转换成推进马力。

装配恒速螺旋桨的无人机有两项控制,油门控制和螺旋桨控制。油门控制功率输出,螺旋桨控制调节发动机转速。

恒速螺旋桨的桨叶角范围由螺旋桨的恒速范围和高低桨距止位来确定。只要螺旋桨桨叶角位于恒速范围内,而不超出任何一个桨距止位,发动机转速就能维持恒定。然而,一旦螺旋桨桨叶到达止位,发动机转速将随空速和螺旋桨载荷的变化而适当地增加或者降低。

(二)导航飞控系统

导航飞控系统是无人机的关键核心系统之一。它在部分情况下,按具体功能又可划分为导航子系统和飞控子系统两部分。

导航子系统的功能是向无人机提供相对于所选定的参考坐标系的位置、速度飞行姿态,引导无人机沿指定航线安全、准时、准确地飞行。完善的无人机导航子系统具有以下功能:

(1)获得必要的导航要素,包括高度、速度、姿态、航向;

(2)给出满足精度要求的定位信息,包括经度、纬度;

(3)引导飞机按规定计划飞行;

(4)接收预定任务航线计划的装定,并对任务航线的执行进行动态管理;

(5)接收控制站的导航模式控制指令并执行,具有指令导航模式与预定航线飞行模式相互切换的功能;

(6)具有接收并融合无人机其他设备的辅助导航定位信息的能力;

(7)配合其他系统完成各种任务。

飞控子系统是无人机完成起飞、空中飞行、执行任务、返场回

收等整个飞行过程的核心系统,对无人机实现全权控制与管理,飞控子系统是无人机执行任务的关键。其具有如下功能:

(1)无人机姿态稳定与控制;

(2)与导航子系统协调完成航迹控制;

(3)无人机起飞(发射)与着陆(回收)控制;

(4)无人机飞行管理;

(5)无人机任务设备管理与控制;

(6)应急控制;

(7)信息收集与传递。

其中所有无人机飞行控制系统必须具备无人机姿态稳定与控制、无人机飞行管理和应急控制功能,而其他项则可根据具体无人机的种类和型号进行选择、加减和组合。

1. 传感器

无人机导航飞控系统常用的传感器包括角速率传感器、姿态传感器、位置传感器、迎角侧滑角传感器、加速度传感器、高度传感器及空速传感器等,这些传感器构成无人机导航飞控系统设计的基础。

(1)角速率传感器。角速率传感器是飞行控制系统的基本传感器之一,用于感受无人机绕机体轴的转动角速率,以构成角速率反馈,改善系统的阻尼特性、提高稳定性。

角速率传感器的选择要考虑其测量范围、精度、输出特性、带宽等。

角速率传感器应安装在无人机重心附近,安装轴线与要感受的机体轴向平行并特别注意极性的正确性。

(2)姿态传感器。姿态传感器用于感受无人机的俯仰、滚转和航向角度,用于实现姿态稳定与航向控制功能。

姿态传感器的选择要考虑其测量范围、精度、输出特性、动态特性等。

姿态传感器应安装在无人机重心附近,振动要尽可能小,有较高的安装精度要求。

（3）高度、空速传感器（大气机）。高度、空速传感器（大气机）用于感受无人机的飞行高度和空速，是高度保持和空速保持的必备传感器。一般和空速管、通气管路构成大气数据系统。

高度、空速传感器（大气机）的选择主要考虑测量范围和测量精度。一般要求其安装在空速管附近，尽量缩短管路。

（4）位置传感器。位置传感器用于感受无人机的位置，是飞行轨迹控制的必要前提。惯性导航设备、GPS 卫星导航接收机、磁航向传感器是典型的位置传感器。

位置传感器的选择一般要考虑与飞行时间相关的导航精度、成本和可用性等问题。

惯性导航设备有安装位置和较高的安装精度要求，GPS 的安装主要应避免天线的遮挡问题。

磁航向传感器要安装在受铁磁性物质影响最小且相对固定的地方，安装件应采用非磁性材料制造。

2. 飞控计算机

导航飞控计算机，简称飞控计算机，是导航飞控系统的核心部件，从无人机飞行控制的角度来看，飞控计算机具备的功能有：①姿态稳定与控制；②导航与制导控制；③自主飞行控制；④自动起飞、着陆控制。

（1）飞控计算机类型。飞控计算机按照对信号的处理方式，主要分为三种类型：模拟式、数模混合式和数字式。现如今新研制的无人机飞控系统几乎都采用了数字式飞控计算机。

（2）飞控计算机余度。无人机不需要考虑人身安全问题，会综合考虑功能、任务可靠性要求和性能价格比来进行冗余度配置设计。

（3）飞控计算机主要硬件构成。

①主处理控制器。主要有通用型处理器（MPU）、微处理器（MCU）、数字信号处理器（DSP）。随着 FPGA 技术的发展，相当

多的主处理器将 FPGA 和处理器组合成功能强大的主处理控制器。

②二次电源。二次电源是飞控计算机的一个关键部件。飞控计算机的二次电源一般为 5V、±15V 等直流电源电压。现在普遍使用集成开关电源模块。

③模拟量输入/输出接口。模拟量输入接口电路将各传感器输入的模拟量进行信号调理、增益变换，模/数（A/D）转换后，提供给微处理器进行相应处理。分为两类：直流模拟信号和交流调制信号。模拟量输出接口电路用于将数字控制信号转换为伺服机构能识别的模拟控制信号，包括模/数转换、幅值变换和驱动电路。

④离散量接口。离散量输入电路用于将飞控计算机内部及外部的开关量信号变换为与微处理器工作电平兼容的信号。

⑤通信接口。用于将接收的串行数据转换为可以让主处理器读取的数据或将主处理器要发送的数据转换为相应的数据。飞控计算机和传感器之间可以通过 RS232/RS422/RS485/ARINC429/1553B 等总线方式通信。

⑥余度管理。无人机余度类型飞控计算机多为双余度配置。余度支持电路用于支持多余度机载计算机协调运行，包括：通道计算机间的信息交换电路，同步指示电路，通道故障逻辑综合电路及故障切换电路。通道计算机间的信息交换电路是两个通道飞控计算机之间进行共享信息传递的信息通路。同步指示电路是同步运行的余度计算机之间相互同步的支持电路。通道故障逻辑综合电路将软件监控和硬件监控电路的监控结果进行综合，它的输出用于故障切换和故障指示。

⑦加温电路。常用于工作环境超出工业品级温度范围的飞控计算机当中以满足加温电路所需功率和加温方式的需求。

⑧检测接口。飞控计算机应留有合适的接口，方便与一线检测设备、二线检测设备连接。

⑨飞控计算机机箱。它直接影响计算机抗恶劣环境的能力

以及可靠性、可维护性、使用寿命。

（4）机载飞控软件。机载导航飞控软件，简称机载飞控软件，是一种运行于飞控计算机上的嵌入式实时任务软件。其具有功能正确、性能好、效率高，且具有较好的质量保证、可靠性和可维护性。

机载飞控软件按功能可以划分成如下功能模块：

硬件接口驱动模块；

传感器数据处理模块；

飞行控制律模块；

导航与制导模块；

飞行任务管理模块；

任务设备管理模块；

余度管理模块；

数据传输、记录模块；

自检测模块；

其他模块。

（5）飞控计算机自检测。飞控计算机自检测（ Build In Test，BIT）模块提供故障检测、定位和隔离的功能。BIT 按功能不同又分为维护自检测（MBIT）、加电起动自检测（PUBIT）、飞行前自检测（PBIT）、飞行中自检测（IFBIT）。

3. 执行机构

无人机执行机构都是伺服作动设备，是导航飞控系统的重要组成部分。其主要功能是根据飞控计算机的指令，按规定的静态和动态要求，通过对无人机各控制舵面和发动机节风门等的控制，实现对无人机的飞行控制。

（1）伺服执行机构的类型。伺服执行机构的类型主要分为：电动伺服执行机构、电液伺服执行机构和气动伺服执行机构。通常意义上的舵机即是一种电动伺服执行机构。

电动伺服执行机构通常由电动机、测速装置、位置传感器、齿轮传动装置驱动电路等组成。

电液伺服执行机构通常由电液伺服阀、作动筒和位置传感器等组成。

气动伺服执行机构通常由电磁控制活门、作动筒和位置传感器等组成。

电动伺服作动设备的制造和维修比较方便,和飞行控制系统采用同一能源,信号的传输与控制也比较容易,其系统组成简单,线路的敷设较管路方便。因此,在无人机上主要使用电动伺服作动设备。

(2)伺服执行机构的主要参数。

①额定输出力矩。额定输出力矩指在额定工作状态下,伺服作动设备输出的最大力矩。

②伺服作动设备的负载。一般包括:铰链力矩、惯性力矩、摩擦力矩和阻尼力矩。其中,铰链力矩是伺服作动设备的最主要力矩。

③作用在伺服作动设备上的铰链力矩,主要是由于舵面偏转,作用在舵面上的气动力产生的。其大小取决于操纵面的类型及几何形状、空数、迎角或侧滑角以及舵面的偏转角。

④额定输出速度。在额定状态下输入指令时,伺服作动设备的输出速度。

⑤输出行程。输出行程指输入信号从最大到最小变化时,伺服作动设备在正反两个方向运动的位移量的总和。最大行程是对控制权限的一种限制。

⑥输入输出传递系数。输出角度与输入电信号的比例系数。

⑦线性度。线性度是输出与输入关系曲线对直线的偏差。

⑧非线性。伺服作动设备的死区、滞环、饱和等都会引起设备的非线性。

⑨频率响应。频率响应通常是在总输入值5%~10%的输入信号下,当改变测试输入频率直到输出幅值衰减3db时,此时的频率定义为伺服作动设备的频宽。对于快速响应系统,频宽是很

重要的指标,频宽越宽系统响应越快,但同时抗干扰能力也就越差。一般要求伺服作动设备的频宽是无人机频宽的3～5倍。

⑩瞬态响应。瞬态响应是指输入加阶跃信号时,伺服作动设备输出的时间响应。

⑪分辨率。分辨率是指从零位到引起可测出输出变化的最小输入值。通常分辨率要求为输入值的1%左右。

⑫连续工作电流及制动电流。在额定状态下输入指令时,伺服作动设备连续工作所消耗的电流。制动电流是伺服作动设备制动状态下所消耗的电流。

(三)电气系统

为使无人机上各系统和设备正常工作,完成预定的功能,需要使用各种形式的能源。在无人机上使用的动力、测控、飞行控制与管理、导航、任务设备等系统都与电气系统有关。因此,电气系统是无人机系统的一个重要组成部分,它的工作状态及运行质量将直接影响无人机和全系统的正常工作。

无人机电气系统由电源、配电系统、用电设备三个部分组成,电源和配电系统两组成供电系统。供电系统主要是向无人机各用电系统或设备提供所需电能。

无人机电气系统根据位置划分为机载电气系统和地面供电系统。机载电气系统包括:主电源、应急电源、电气设备的控制与保护装置及辅助设备。机载电气系统的供电电源一般是指无人机主动力装置直接驱动的发电装置,而电动无人机的动力电池即为无人机供电电源。在一些大型无人机上,为了适应用电系统或设备对供电类型的不同要求,还应根据需要设置变换电源。一旦主电源系统发生故障,必须有应急电源,为无人机安全飞行和返航着陆所必需的系统或设备提供足够的电能。

配电系统应将电能可靠而有效地输送到各用电系统和设备。配电系统由传输电线和控制与保护装置组成。对于重要的系统或设备,还应有多路独立供电措施。当配电系统中发生局部性的故障时,不能扩大影响到未发生故障的部分,更不能危及无人机的安全。

(四)任务设备和相关知识

(1)类型。按用途分类,任务设备分为侦察搜索设备、测绘设备、军用专用设备、民用专用设备等。

(2)重量控制。无人机设计制造和运行必须考虑重量因素,任务设备加装或更换时必须对相关内容加以重视。为确保无人机可以飞行,无人机载荷不能超出无人机规定的重量,否则升力无法抵消重力和维持无人机飞行。

(3)平衡、稳定性和重心。无人机的重心位置对其稳定性和安全性非常重要。重心是一个点,如果无人机被挂在这个点上,那么无人机就会在这点获得平衡。

无人机的配平主要考虑重心沿纵轴的前后位置。重心不一定是一个固定点,重量在无人机上的分布决定重心的位置。重心的位置会随着很多装载对象被移动或者被消耗而产生一个合成的偏移。如果重心位置不适当则可能会导致无人机出现不稳定状态。

(五)空中交通管制设备

国内无人机产业发展迅猛,为了系统的安全运行,越来越需要无人机空中交通管制。按照行业相关发展规划,未来在融合空域运行的无人机系统或所有大型无人机系统必须安装专用的空中交通管制设备。

未来所有在隔离空域运行的小、轻、微型无人机系统必须安装由行业协会授权的可以联网实时受到监控的自驾系统。

(六)控制站

指挥控制与任务规划是无人机地面站的主要功能。无人机地面站也称控制站、遥控站或任务规划与控制站。在规模较大的无人机系统中，可以有若干个控制站，这些不同功能的控制站通过通信设备连接起来，构成无人机地面站系统。

无人机地面站系统的功能通常包括指挥调度、任务规划、操作控制、显示记录等功能。

指挥调度功能主要包括上级指令接收、系统之间联络、系统内部调度。

任务规划功能主要包括飞行航路规划与重规划、任务载荷工作规划与重规划。

操作控制功能主要包括起降操纵、飞行控制操作、任务载荷操作、数据链控制。

显示记录功能主要包括飞行状态参数显示与记录、航迹显示与记录、任务载荷信息显示与记录等。

无人机控制站如图 3-14 所示。

图 3-14　无人机控制站

1. 系统组成

标准的无人机地面站通常由数据链路控制、飞行控制、载荷控制、载荷数据处理四类硬件设备机柜构成。无人机地面站系统可以由不同功能的若干控制站模块组成，主要包括以下内容。

（1）指挥处理中心。指挥处理中心主要是制定无人机飞行任务、完成无人机载荷数据的处理和应用。指挥中心/数据处理中心一般都是通过无人机控制站等间接地实现对无人机的控制和数据接收。

（2）无人机控制站。无人机控制站主要是由飞行操纵、任务载荷控制、数据链路控制和通信指挥等组成，可完成对无人机机载任务载荷等的操纵控制。一个无人机控制站可以指挥控制一架无人机，也可以同时控制多架无人机；一架无人机可以由一个控制站完成全部的指挥控制工作，也可以由多个控制站来协同完成指挥控制工作。

（3）载荷控制站。载荷控制站与无人机控制站的功能类似，但载荷控制站只能控制无人机的机载任务设备，不能进行无人机的飞行控制。

2. 显示系统

地面控制站内的飞行控制席位、任务设备控制席位、数据链管理席位都设有相应分系统的显示装置，因此需综合规划，确定所显示的内容、方式、范围。主要的显示内容包括以下三个方面。

（1）飞行参数综合显示。飞行参数综合显示可根据飞行与任务需要，选择需要的系统信息予以显示，便于无人机驾驶员判读。主要包括以下四个方面。

飞行与导航信息。飞行与导航参数是无人机驾驶员控制无人机执行任务所必需的信息，显示内容一般包括：无人机飞行姿态角及角速度信息；无人机飞行位置、高度、速度信息；大气数据信息；发动机状态信息；伺服控制及舵面响应信息。

数据链状态信息。它包括数据链设备工作状态及信道状态等，显示的主要内容应有：链路工作状态的主要工作参数；各种链路设备的工作参数；各种链路设备的工作状态。

设备状态信息。在飞行过程中，需要提供必要的系统设备状态信息，帮助无人机驾驶员正确进行相关控制，显示内容一般包括：机载航空电子状态信息机载任务设备状态信息；地面设备状态信息；机载供电信息；导航状态信息；时钟信息等。

指令信息。控制指令是显示无人机驾驶员判断操纵指令发送有效性的重要信息。控制指令作为在线监测内容,能够明确表达和描述指令发送是否有效,同时可对指令通道简单故障定位,显示内容应包括指令代码、发送状态、接收状态。

(2)告警。告警信息包括视觉告警和听觉告警。视觉告警主要包括灯光告警、颜色告警和文字告警等,听觉告警主要包括语音告警和音调告警等。

告警按级别又可分为提示、注意和警告三个级别。

提示表明需要提示操纵人员重视系统安全或工作状态、性能状态以及提操纵人员进行例行操纵的信息。

注意表明即将出现危险状况,发展下去将危及飞行安全,或某系统、设备发生故障,将影响飞行任务完成或导致系统、设备性能降低,需引起操纵人员注意,但无须立即采取措施的信息。

警告表明已出现了危及飞行安全的状况,需立即采取措施的信息,它是告警的最高级别。

(3)地图航迹显示。地图航迹显示可为无人机驾驶员提供无人机位置等导航信息。它包括飞机的导航信息显示、航迹绘制显示以及地理信息的显示。

导航信息显示能够显示无人机实时定位信息、机载定位传感器设备状态信息、无人机导航信息、导航控制器相关参数和任务规划信息。

航迹绘制显示,在无人机飞行过程中,往往要动态监视无人机位置及飞行轨迹,无人机驾驶员可以据此信息进行决策,规划飞行航路。无人机位置和航迹显示应能直观形象、简洁明快地显示无人机图标、背景地图、规划航线和飞行航迹等信息。

地理信息显示,地理信息可视化是地图航迹显示软件功能的一个重要组成部分,应包含多层信息内容,可根据需要,选择若干层面予以显示。主要有图形用户界面、开窗缩放功能、窗门自动漫游、多种显示方式的运用和比例尺控制显示、符号、注记、色彩控制等。

3. 操纵系统

无人机操纵与控制主要包括起降操纵、飞行控制、任务设备（载荷）控制和数据链管理等。地面控制站内的飞行控制席位、任务设备控制席位、数据链路管理席位都应设有相应分系统的操作装置。

（1）起降操纵。起降阶段是无人机操纵中最难的控制阶段，起降控制程序应简单、可靠、操纵灵活，操纵人员可直接通过操纵杆和按键快捷介入控制通道，控制无人机的起降。根据无人机不同的类别及起飞重量，其起飞降落的操纵方式也有所不同。

无人机的起降操纵如图 3-15 所示。

图 3-15 无人机的起降操纵

（2）发射方式。手抛，采用人力手掷起飞，一般用于微型无人机。

弹射，采用压缩空气或橡皮筋等储能发射无人机，一般用于轻、微型无人机。

零长发射，采用火箭助推方式发射无人机，一般用于小、轻、微型无人机。

投放发射，采用母机挂载发射方式或投抛方式发射无人机，一般用于小型无人机。

滑跑起飞,采用跑道滑跑起飞,一般用于大、小型无人机。

(3)回收方式。伞降回收,利用机载降落伞回收无人机,一般用于小、轻、微型无人机。

撞网回收,利用地面回收网,引导无人机撞网回收,一般用于轻、微型无人机。

气囊回收,利用机载气囊装置回收无人机,一般用于微型无人机。

滑跑降落,利用地面跑道滑跑降落,一般用于大、小型无人机。

(4)飞行控制。飞行控制是指采用遥控方式对无人机在空中整个飞行过程的控制。遥控方式是通过数据链路对无人机实施的飞行控制操纵,一般包括舵面遥控、姿态遥控和指令控制三种方式。

舵面遥控。这种控制方式是由控制站上的操纵杆直接控制无人机的舵面,遥控无人机的飞行。

姿态遥控。姿态遥控是在无人机具有姿态稳定控制机构的基础上,操纵杆控制无人机的俯仰角、滚转角和偏航角,从而改变无人机的运动。

指令控制。这种方式是通过上行链路发送控制指令,机载计算机接收到指令后按预定的控制模式执行。这种方式必须在机载自动驾驶仪或机载飞行管理与控制系统自动控制的基础上实施。指令方式一般包括:俯仰角选择与控制、高度选择与保持、飞行速度控制、滚转选择与控制、航向选择与保持、航迹控制。

(5)任务设备控制。任务设备控制是地面站任务操纵人员通过任务控制单元(任务控制柜),发送任务控制指令,控制机载任务设备工作。同时,地面站任务控制单元处理并显示机载任务设备工作状态,供任务操纵人员判读和使用。

(6)数据链管理。数据链管理主要是对数据链设备进行监控,使其完成对无人机的测控与信息传输任务。机载数据链主要有:V/UHF 视距数据链、L 视距数据链、C 视距数据链、UHF 卫星中继数据链、Ku 卫星中继数据链。

(七)通信链路

无人机通信链路,主要指用于无人机系统传输控制、无载荷通信、载荷通信三部分信息的无线电链路。

根据 ITU-R M.2171 报告给出的定义,无人机系统通信链路是指控制和无载荷链路,主要包括指挥与控制(C&C)、空中交通管制(ATC)、感知和规避(S&A)三种链路。

通信网络中两个结点之间的物理通道称为通信链路。

根据通信链路的连接方法,可把通信链路分为:点对点连接通信链路,这时的链路只连接两个结点;多点连接链路,指用一条链路连接多少个(n>2)结点。

根据通信方式不同,可把链路分为:单向通信链路、双向通信链路。

控制站与无人机之间进行的实时信息交换便需要通过通信链路来实现。地面控制站需要将指挥、控制以及任务指令及时地传输到无人机上,同样,无人机也需要将自身状态(速度、高度、位置、设备状态等)以及相关任务数据发回地面控制站。无人机系统中的通信链路也常被称为数据链。民用无人机系统一般使用点对点的双向通信链路,也有部分无人机系统使用单向下传链路。

1. 我国对民用无人机射频指标的规定

无人机通信链路需要使用无线电资源,目前世界上无人机的频谱使用主要集中在 UHF、L 和 C 波段,其他波段也有零散分布。目前我国工信部无线电管理局初步制定了《无人机系统频率使用事宜》,其中规定:

(1)840.5~845MHz 频段可用于无人机系统的上行遥控链路,其中,841~845MHz 也可采用时分方式用于无人机系统的上行遥控和下行遥测信息传输链路。

(2)1430~1446MHz 频段可用于无人机系统下行遥测与信息传输链路,其中 1403~1434MHz 频段应优先保证警用无人机和直升机视频传输使用,必要时 1434～1442MHz 也可以用于警用直升机视频传输。无人机在市区部署时,应使用 1442MHz 以下频段。

(3)2408～2440MHz 频段可用于无人机系统下行链路,该无线电台工作时不得对其他合法无线电业务造成影响,也不能寻求无线电干扰保护。

2. 机载链路设备

机载链路设备是指无人机上用于通信联络的电子设备。机载通信设备的发展趋势,主要是数字化和综合化,进一步减小机载通信设备的体积、重量和功耗,提高其可靠性、保密性和抗干扰能力。

机载电台一般由发信机、收信机、天线、控制盒和电源等组成。发信机和收信机是电台的主体,一般安装在飞机电子舱或靠近天线处,通过电缆与控制盒连接。视距内通信的无人机多数安装有全向天线,超视距通信的无人机一般采用自跟踪抛物面卫通天线。

3. 地面链路设备

民用通信链路的地面终端硬件一般集成在控制站系统,称作地面电台,部分地面终端有独立的显示控制界面。视距内通信链路地面天线有鞭状天线、八木天线和自跟踪抛物面天线,超视距通信的控制站采用固定卫星通信天线。

第三节 飞行原理与飞行性能

一、国际标准大气

对于低速的无人机来说,空气可以被认为是不可压缩的流体。空气密度与高度和天气有关。在高海拔和高温环境中,空气密度小于贴近海平面和低温环境中的密度。在高原或者热带操作飞机时空气密度会对飞行产生一定影响。干燥的空气比潮湿的空气更加稠密。

密度通常用千克/立方米（即每单位体积的质量）来表示。在空气动力学中，将海平面附近常温常压下空气的密度 $1.225kg/m^3$ 作为一个标准值。在公式中，用希腊字母 ρ 代表密度。

二、无人机空气动力学基础

1. 速度与加速度

速度（用 ϑ 用表示）在标准公式中量纲用的是 m/s。

要改变速度大小或飞行方向，需要力的变化来引起相应的加速度的变化。

牛顿第二运动定律表明，要获得给定加速度，所施加的力的大小取决于无人机的质量。一个具有很大质量的物体需要用更大的力去打破它的平衡才能达到给定的加速度，而小质量的物体所需的力则小。

2. 牛顿三大定律

所有的空气动力学理论都建立在运动定律之上。只要所讨论的物体的速度远小于光速，并且所研究的固体和流体的密度和尺寸在通常的范围内。

牛顿第三运动定律表明作用力和反作用力是大小相等方向相反的。当一个飞行器静止在地面上时，它的重力方向向下，与由地面施加的大小相等方向相反的反作用力恰好构成平衡。

任何不平衡的力都会产生加速度。一个在地面上的无人机，起飞前可能被拉住，但发动机是开着的。发动机的推力与拉力方向相反，大小相等，所以平衡。一旦放开，无人机就开始加速。它一开始运动，空气阻力和地面摩擦力也就随之而来，而且无人机速度越快,这些阻力也就越大。只要总的阻力小于推力,无人机会一直加速。当两者大小相等时,无人机达到某个速度飞行,此时又重新达到了平衡。

在水平飞行中,垂直向下的重力由一个垂直向上的反作用力平衡着。在一般的飞行器中,这个反作用力来自于机翼和可能的其他表面,但是也有可能以其他形式的力来提供。如果向上的反作用力比重力小,飞行器就会向下加速。要停止这个加速运动,就必须重新产生反作用力来平衡重力。这可以带来平衡但是不会阻止下降。要做到不再下降就必须施加更大的力使其减速。所有的加速或减速都会由飞行器的质量来反抗,也就是惯性。

3. 力的平衡

如果一个物体处于平衡状态,那么它就有保持这种平衡状态的趋势。所有施加在平衡物体上的外力都是平衡的,不会有任何改变其状态或往任何方向加速或减速的趋势存在。一个在静止大气中做水平直线飞行的飞机,它既不加速也不减速,还不转弯,这时它就处于平衡状态,并且倾向于做持续稳定飞行。同样道理,如果这个飞行器以恒定的速度直线爬升,那么它也处于平衡状态。即使高度增加了,它也仍然处于平衡状态。如果没有新的外力施加在它上面,它将沿着其爬升方向稳定地飞行。即使爬升是完全垂直的,只要它的速度保持稳定,并且方向不发生变化,它仍然是平衡的。同理,当它以固定的速度俯冲时也是处于平衡状态。平衡是事物一种非常普遍的状态,不稳定运动状态与稳定运动或者静止状态的情况的不同之处就是多了加速度。

一个水平飞行的动力飞行器受到许多施加在它每个部分的力的影响,但是所有的这些力都可以按作用和反作用分成 4 个力。向上的主要的力来自机翼,但是尾翼也提供少许的升力,因此尾翼的贡献也必须加入(或减去)到总的垂直方向的作用力中。螺旋桨轴或喷气推力线的方向可能与飞行方向不一致。这是因为飞行器设计人员特意把发动机以一个相对机身的安装角进行设计（产生下推力或上推力），或是由于机体本身在以某个速度飞行时并不与来流方向一致。可以通过力的分解来获得推力或拉力大小。

力可以通过一个方向与力的指向相同的箭头按比例进行描绘。比如，一个3N的力用一个长3cm指向力的方向的箭头或矢量来描绘，其他的力和方向则要按比例长度的箭头来表示。为了将螺旋桨拉力分解为一个沿着飞行方向的力和一个与之垂直的力，把它作为这个矩形的对角线。这个矩形两边的长度和方向就是所需的比例，也就是发动机在垂直和水平方向的贡献。在大多数的情况中，推力方向与飞行方向不会偏离很远，所以大部分的功率都转变成了推力。

力的分解的原则应用非常广泛。一个水平飞行的受力飞行器受4个互成直角的力作用：推力和反作用力阻力，重力和反作用力升力。这是由大量的小力的合成和分解得到的简图，其中每个小力都对合力有贡献。若尾翼产生的向下的力来保持飞行器的配平，那么它就应从总的升力中减去。同样，机翼、尾翼、机身和起落架的阻力也被合成了。

4. 伯努利定律

当空气遇上任何物体，比如说机翼，空气会产生偏转，一些空气从机翼上表面通过，一些空气从机翼下表面通过。在这个流动过程中会产生复杂的速度和压力的变化。要产生升力，上下表面的平均压力必须有差异才行。

伯努利的理论将流动的速度和流动中任意一点的压力联系起来。这个理论是运动和能量定律的一个特殊应用。对于管道类和轮船周围的流动来说，它是一个最基础的理论，对于空气动力学和飞行来说也是一样。

想象一个平滑流动或流线型流动里面的空气微团，如果各个方向对它施加的压力都是相等的话，那么它就处于平衡状态。如果有任何不同的压力，这个微团的平衡就会被打破，根据牛顿第二运动定律,微团要么加速要么减速。如果后部的压力大于前部的压力,速度会增加;反之,如果后面的压力小于前面的压力,速度则减小。因此,当微团接近一个低压区时会加速,接近高压区时会减速。我们可以用另一种方法来描述这件事情,即如果流体速度降低,其压力必然升高。

微团并不是孤立的,而是某个流动中的一部分,这个规律是适用于每个微团的。

因此,流动在接近低压或高压区时会分别加速或减速。这个原理的简单的数学表达就是伯努利定理,即

$$p + \frac{1}{2}\rho\vartheta^2 = 常数 \qquad (3-1)$$

式中:p 为压力。

空气密度是常数(密度不会改变),压力和速度因此就成了变量,如果一个增加,则另一个就减少。这个原理的著名的应用就是文氏管,它通常用在航空领域来测量空速,在日常生活中用于通过水龙头或橡胶软管而产生高速水流。

通过一个收缩管道的流体,内部空间全部被充满。在每个单位时间内,流进一定质量的流体,出口就流出同样质量的流体。在管道的收缩区,由于横截面较小,通过它的流体的速度必然增加,这样才能保证在相同的时间内流出相同质量的流体。根据伯努利定理,这个速度的增加必然造成收缩区压力的降低。图中的空气在收缩区域内变得长而窄,在达到管道的宽阔处后又变回其原来的形状,这样就形成流线。伯努利定理示意图如图 3-16 所示。

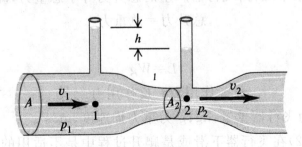

图 3-16 伯努利定理示意图

经过任何物体的流动,只要是流线型的流动,就会产生相似的流动变形,同时伴随着速度和压力的变化。这跟流过机翼的流动十分相似。

5. 翼型和机翼升力系数

机翼的效率受翼型的影响极大,在一定程度上是受翼型弯度和厚度的影响。基本翼型如图 3-17 所示。

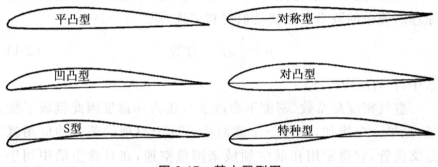

图 3-17　基本翼型图

为方便起见,空气动力学家们将所有的非常复杂的机翼外形和配平等因素汇总简化成一个系数,即升力系数,这个系数可以说明一个飞行器或其任意部件产生升力的情况。一个大小为 1.3 的升力系数 C_L,表明它将比 $C_L=1.0$ 或 $C_L=0.6$ 时产生更大的升力,而 $C_L=0$ 时则表明没有升力产生。C_L 没有量纲,它是一个为了比较和计算而被抽象的量。

对于水平飞行,飞行器产生的总升力等于总重力,即

$$总升力=总重力$$

或者

$$L=Wg \tag{3-2}$$

$$作用力=反作用力$$

式中:W 为飞行器重量,kg;g 为重力加速度,m/s^2。

式(3-2)在飞行器下滑或是爬升过程中是不适用的。影响升力的因素是飞行器的尺寸或面积、飞行有速度、空气密度以及 C_L

等。这些因素中的任何一个增加,比如说更大的面积、更快的速度、更高的密度或更高的升力系数,都能产生更大的升力。所以,当用公式表示升力时,希望这些因素都能体现在公式里面,用数学语言表示,即升力是 ρ、ϑ^2、S 和 c 的函数。

18世纪,在基本力学原理的基础上,伯努利做出开创性的工作,给出升力的标准公式,即

$$L = \frac{1}{2} \times \rho \times \vartheta^2 \times S \times C_L \tag{3-3}$$

一个水平飞行的飞行器,升力必须等于重力。如果飞行器的重力增加了(或者说生产出来的飞行器比预计的要重些),所需的升力也必须增加,公式右边的一个或多个参数值就必须增加。

我们无法控制空气密度 ρ,但飞行器可以通过增大机翼迎角获得更高的 C_L 来重新配平,也可以增加机翼面积 S,尽管这可能会增加飞行器的重量并且可能导致飞行速度的增加。由于飞行速度在公式中是以平方的形式出现的,在其他参数不变的条件下,ϑ 的小幅增加会导致升力的大幅增加。根据这个公式,在给定面积、配平等情况下,一个较重的飞行器需要比较轻的飞行器飞得快才行。但是,增加速度意味着消耗更多的能量,而且在某些情况下,飞行器发动机可能提供不了足够的动力来保证飞行。此时,如果从一定高度放飞飞行器,它将会以某个角度下滑,就像滑翔机一样(即使它的发动机处于最大状态)。

6. 机翼翼载

从上面可以看出,重量与机翼面积之比(翼载)非常重要。翼载经常写成 W/S,单位是 kg/m^2。忽略燃油消耗造成的微小影响,在飞行过程中,飞行器的重量是一个常数。在给定的配平状态(迎角)下的速度完全取决于翼载。这个关系可以通过整理升力公式得到。在水平飞行于中,$L = Wg$,公式两边同时除以 S,即

$$Wg/S = L/S = \frac{1}{2} \times \rho \times \vartheta^2 \times C_L$$

对于滑翔机和下滑中的飞机来说,升力和重力并不完全相

等,$L=Wg\cos a$,但是在一般的小于 10° 的俯冲角或爬升角情况下,两者相差不多。增加重量要求增加速度,这会耗费更多的功率来保持飞行(在滑翔机中需要更强的上升气流保持滑翔飞行)。

7. 升力的来源

在机翼上,压力最高的点也就是所谓的驻点,在驻点处是空气与前缘相遇的地方。空气相对于机翼的速度减小到零,由伯努利定理知道这是压力最大的点。上翼面和下翼面的空气必须从这个点由静止加速离开。在一个迎角为零、完全对称的机翼上,从驻点开始,流经上下表面的气流速度是相同的,所以上下表面的压力变化也是完全相同的。这和在狭长截面的文氏管中的流动是相似的,在流速达到最大的点,其压力达到最低。在这个最低压力点之后,两个表面的流速同时降低。空气最终必定要回到主来流当中,压力也恢复正常。由于上下表面的速度和压力特性是相同的,所以这种状态的机翼不会产生升力。升力的来源如图 3-18 所示。

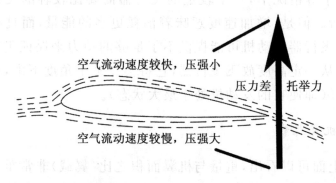

图 3-18 升力的来源示意图

如果对称机翼相对来流旋转了一个迎角,驻点就会稍稍向前缘的下表面移动,并且流经上下表面的空气流动情况也发生了改变,流经上表面的空气被迫多走了段距离,在上下表面,空气仍然有一个从驻点加速离开的过程,但是下表面的最高速度要小于上表面的最高速度。因此,机翼下表面的压力就比上表面的压力大,升力由此产生。所以,只要旋转一个正的迎角,对称翼型完全能够产生升力。

一个有弯度的翼型展示了与对称翼型相似的速度和压力分布,但是由于翼型存在弯曲,尽管弦线的位置可能是几何零迎角,平均压力和升力与对称翼型仍然存在差异。

在某些几何迎角为负的位置上,上下表面的平均压力是可能相等的,因此有弯度翼型存在一个零升迎角,这是翼型的气动力零点。尽管在这个迎角下没有产生升力,但由于翼型弯度的存在,上下面的流动特征是不一样的。因此,尽管上下表面没有平均压力差,在翼表面上却会产生不平衡并导致俯仰力矩的产生,这个力矩在飞行器配平中非常重要。

升力系数有一个非常明确的极限值。如果迎角太大或是弯度增加太多的话,流线就会被破坏并且流动从机翼上分离。分离剧烈地改变了上下表面的压力差。升力被大幅度降低,机翼处于失速状态。

气流分离在小范围内是一种普遍现象。在上表面,流动可能在后缘前某个地方就分离了,气流在上下表面都可能分离,但是有可能再附着。这就是所谓的"气泡分离"。

8. 阻力和升阻比

飞行器的所有部件,包括机翼、尾翼、机身以及每个暴露在空气中的部件都会产生阻力。即使是在发动机罩、机轮整流罩里面的部件,只要有空气流过就会产生阻力。伴随着升力的出现,阻力(D)也会随之产生。影响阻力的因素有飞行速度、空气密度、气动外形及其尺度。阻力系数 C_D,就像升力系数一样,综合了飞行器的所有特性,也是飞行器空气动力"洁净度"的尺度。其公式与升力公式形式相同,如下式所示。

$$D = \frac{1}{2} \times \rho \times \vartheta^2 \times S \times C_D$$

式中的 S,或者说面积,一般是指整个飞行器的机翼面积。如果在 C_L 中用的是总面积(包括尾翼),阻力的公式中也必须用相同的值。这就使得阻力和升力可以进行比较,并且通常以比值的形式出现,即升阻比 L/D。对于水平飞行,升力等于重力,升阻比是个常数(忽略燃油消耗)。推力大小可以通过油门的设置进行调节,进而可以改变阻力的大小,这是因为在平衡状态的水平飞行中,推力和阻力是相等的。高速情况下,推力大阻力也大,但是总的升力保持不变,还是等于重力,升阻比就低。在低速时,仍然是水平飞行状态,阻力减小到一个值,升力还是等于重力,所以升阻比就增加了。这种阻力降低的趋势不会一直持续到最低速度,总的阻力系数在速度降低到某一值后反而会急剧地增加,它足以抵消速度的减小,因此在这个速度上,飞行器达到最大升阻比。这个值的大小给出了个衡量所有飞行器的粗略的效率尺度。

如同升力一样,在风洞试验的阻力测试中,如果对阻力公式中 S 理解错误就会产生混淆。在单独部件的测试中,如机身、机轮等,测量并在阻力公式中使用的 S 是被测物体的横截面面积。这就给出了一个完全不同于整机中使用机翼面积所得到的这些部件的阻力系数。从风洞试验中可以得出机翼阻力特性曲线,同样也能得到翼型升力系数。但是在飞行中,真实机翼在整个翼展上的翼型升力系数同风洞中测试的数据是不一样的。

知道阻力是如何产生的并如何减小它是非常重要的。常用的增加升力的办法就是改变配平或使用不同的机翼翼型。在水平飞行中,升力等于重力,这个关系在改变配平或者翼型后还是成立的,所以,虽然升力系数 C_L 可能增加,但是升力在平飞中还是等于重力。每次翼型或迎角的变化都会改变飞机的阻力。飞行器飞行时阻力是不可避免的,但是减小阻力可以使飞行更有效率。

(1)翼型阻力。形状阻力(形阻)或压差阻力是由于气流的经过,物体周围压力分布不同而造成的阻力,而蒙皮摩擦阻力或粘性阻力是由于空气和飞行器表面接触产生的。将这些阻力分类是非常有用的,这些阻力很显然是同时产生的。比如,蒙皮摩阻和形阻之间的关系非常密切:一个会影响另外一个。举例来说,蒙皮摩阻很大程度上是由气流的速度决定的,而流向后方的流体的速度是由物体的外形来决定的。因此,特别是在考虑机翼时,形阻和摩阻统称为翼型阻力也叫型面阻力。与诱导阻力相比,蒙皮摩阻和形阻都直接与 ϑ^2 成正比。所以,当速度增加而诱导阻力减少时,形阻和蒙皮摩阻增加,反之亦然。

(2)涡阻力。诱导阻力现在更多地被称为涡诱导阻力,简称涡阻力或涡阻。因为它是与从机翼翼尖或者任意表面拖出的涡联系在一起的,而这些涡产生了升力。涡的出现是直接跟升力联系在一起的:给定机翼的升力系数越高,涡的影响也越明显(这个可以与附着涡的强度联系起来。附着涡越强,升力越大,同样翼尖涡系越强,阻力也越大)当水平飞行速度 ϑ 较低的时候,飞行器相对于高速状态来说必须工作在高升力系数下,飞行器的诱导阻力随着速度的降低而大大增加(数学上,涡诱导阻力与 $1/\vartheta^2$ 成正比)。上面提到的升阻比 L/D 在低速状态下会降低,涡阻力的增加是一个主要因素,但不是唯一的原因。

(3)总阻力。飞行器在每个速度下的总阻力由总的涡阻力和所有其他的阻力组成。在涡阻力等于其他阻力和的地方,阻力达到最小值。由于在给定飞行器质量的水平飞行中,升力是个常数,在曲线上最小阻力点处就是飞行器的最大升阻比出现的位置。一个滑翔机的极曲线的形状与这条曲线密切相关,比如,用下沉速度比平飞速度而不是用总阻力系数比总升力系数。飞行器总阻力构成如图 3-19 所示。

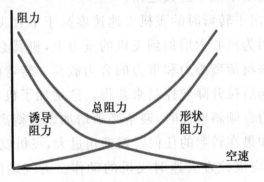

图 3-19 飞行器总阻力构成

9. 失速

只要机翼产生的升力足够抵消飞行器的总载荷,飞机就会一直飞行。当升力急剧下降时,飞机就失速。

记住,每次失速的直接原因是迎角过大。有很多飞行机动会增加飞机的迎角,但是直到迎角过大之前飞机不会失速。

必须要强调的是,每个飞机的失速速度在所有飞行条件下都不是固定的值。然而,一个特定的飞机总会在同一个迎角时失速,而不管空速、重量、载荷因素或密度高度。每一个飞机都有一个特殊的迎角,那时,气流从飞机的上表面分离发生失速。根据飞机设计,临界迎角可以从16°到20°变化。但是每个飞机只有一个特定的发生失速的迎角。

在三种情况下会超过临界迎角:低速飞行、高速飞行和转弯飞行。

飞机在平直飞行时如果飞得太慢也会失速。空速降低时,必须增加迎角来获得维持高速所需要的升力。空速越低,必须增加更大的迎角。最终,达到一个迎角,它会导致机翼不能产生足够的升力维持飞机,飞机开始下降。如果空速进一步降低,飞机就会失速,由于迎角已经超出临界迎角,机翼上的气流被打乱了(变成了紊流)。

这里还要再次强调的是,低速不是发生失速所必要的。机翼可以在任何速度下处于过大迎角。

类似地,水平转弯时的飞机失速速度高于平直飞行时的失速速度。这是因为离心力增加到飞机的重力上,机翼必须产生足够的额外升力来抗衡离心力和重力的合力载荷。转弯时,必要的额外升力通过向后拉升降舵控制来获得。这增加了机翼的迎角,结果增加了升力。倾斜增加时,迎角必须增加以平衡离心力导致的载荷增加。如果在转弯的任何时候迎角过大,飞机就会失速。

在这里,应该检查失速时飞机的动作。为气动的平衡飞机,升力中心通常位于重心之后。尽管这让飞机固有地产生"头重",

水平尾翼上的下洗流抵消了这个作用。可以看到,失速时机翼升力的向上力和尾部向下的力降低,不平衡条件就出现了。此时可使飞机迅速向下配平,绕它的重心转动。在机头下倾的姿态中迎角降低,空速再次增加。因此,机翼上的气流再次变得平滑,升力恢复,飞机可以继续飞行。但是,在这个周期完成之前会损失相当大的高速(低空失速极度容易酿成灾难事故)。

10. 展弦比

展弦比为飞机空气动力学的专有名词,是翼展长度与平均气动弦长的比值。

大展弦比表明机翼比较长且窄,小展弦比则表明机翼比较短且宽。在飞行器设计时,一般会让提供力矩的水平尾翼的展弦比较小,使其在失速时拥有较好的失速特性:如较大的攻角仍然能保持不失速,升力系数下降率较为平缓等;当主翼失速时还能有姿态控制的能力进而脱离失速。一般垂直尾翼展弦比小于水平尾翼展弦比,水平尾翼展弦比小于主翼展弦比。

展弦比的设计同时关系到飞行器的性能。短而宽的机翼(低展弦比)型阻较小,适合高速无人机。而长航时无人机则多采用高展弦比,以降低诱导阻力。

11. 地面效应

地面效应也称为翼地效应或翼面效应,是一种使飞行器诱导阻力减小,同时能获得比空中飞行更高升阻比的流体力学效应。

固定翼飞行器当离地距离小于半翼展时,升力将大增,地面效应明显。

地面效应对大翼展固定翼无人机起降有明显影响:首先,起飞虽然感觉"无人机更容易从地面上拉起来",但此时无人机处于低速大迎角的范围,比较接近失速,当无人机爬升超过了地面效应的作用范围以后,翼尖涡流的下洗不再被阻挡,造成相对气流的偏移,结果是迎角进一步增大,更接近于失速。此时无人机若未能加速到更安全的速度,将有可能进入失速,而此时的离地高度将难以使无人机从失速中改出。其次,在降落时,无人机会在近地因为获得地面效应的升力加成而突然上升(此情况被称为"balloon")。如果不懂处理,无人机就会在减速时突然急速提升高度,其后降落速度将非常接近失速速度,所以极易变成失速的状态。如果跑道够长的话,那么就能够采用慢慢减速来适应翼地效应产生的"balloon",另一个方法则是放弃直接降落,进行复飞。

三、机动飞行中的空气动力

1. 转弯受力

一个物体如果静止或者沿直线匀速运动会一直保持静止或匀速直线运动,直到某个其他的力作用于这个物体。飞机和任何其他运动物体类似,需要有一个侧向力使它转弯。在一个正常的转弯中,这个力是通过飞机的倾斜得到的,这时升力是向上和向内作用的。转弯时候的升力被分解为两个分力,这两个分力成合适的角度。竖直作用的分力和重力成对,称为垂直升力分量,另一个是水平指向转弯的中心,称为水平升力分量,或者叫向心力。这个水平方向的力把飞机从直线航迹拉动到转弯航迹上。离心力和飞机转弯时的向心力方向相反,大小相等。这就解释了为什么在正常转弯时使飞机转弯的力不是方向舵施加的(特定转弯情况下除外),飞机的驾驶不像小船或者汽车,为了转弯,它必须倾斜。反过来说,当飞机倾斜时,它就会转弯,让它不滑到转弯的一侧。良好的方向控制是基于一个事实:只要飞机倾斜,它就会转弯,即协调转弯。

这个事实一定要牢记在心,特别是保持飞机处于平直飞行时。单就飞机的倾斜使得它转弯来说,飞机的总升力没有增加。然而就像指出的,倾斜时的升力分为两个分量:一个垂直的和一个水平的。这一分解降低了抵消重力的力,进而飞机的高度就会下降,需要增加额外的力来抵消重力。这是通过增加迎角来实现的,直到升力的竖直分量再一次等于重量。由于竖直分力随倾斜角度的增加而降低,那么就需要相应地增加迎角来产生足够的升力以平衡飞机的重力。当进行恒定高度转弯时,一定要记住升力的竖直分量必须要等于飞机的重量才能维持飞机的高度。

对于给定的空速,飞机转弯的快慢依赖于升力水平分量的大小。你会发现升力的水平分量和倾斜角成正比。逻辑上也遵守倾斜角增加时升力的水平分量也增加,也就加快了转弯的速度。因此,对于任何给定空速,转弯速度可以通过调整倾斜角来控制。

在水平转弯中,为提供足够的升力竖直分量来维持高度,迎角需要有一定的增加。由于机翼阻力直接和迎角成正比,这就导致空速的降低和倾斜角成比例,小倾斜角的结果是空速的少量降低,大倾斜角时空速会降低很多。在水平转弯中必须要增加额外的推力来防止空速降低;需要额外推力的大小和倾斜角成比例。

必须记住空速增加导致转弯半径增加,离心力直接和转弯半径成正比。在一次正确执行的转弯中,升力的水平分量必须恰好等于向心力且方向相反。所以,当恒定角速度水平转弯时空速增加,转弯半径也要增加。转弯半径的增加导致离心力的增加,这也必须通过增加升力的水平分量来平衡,它只能通过增加倾斜角来增加。

内侧滑转弯时,飞机转弯的快慢和所倾斜的角度不对应,然后飞机会偏航到转弯航迹的内侧。飞机以一定的角速度转弯而倾斜过多时,升力水平分量大于离心力。升力的水平分量和离心力的平衡通过降低倾斜度,降低角速度或者二者的结合才能建立。

外侧滑转弯是由于离心力比升力的水平分量还大,把飞机向转弯的外侧拉。这个倾斜角度时的转弯太快了。外侧滑转弯的纠正引起角速度的降低,倾斜角增加,或者二者的结合。为维持一个给定的角速度,倾斜角必须随空速变化。

2. 爬升受力

实际飞行中,处于稳定的正常爬升状态的机翼升力和相同空速时平直飞行的升力是一样的。尽管爬升前后的飞行航迹变化了,但当爬升稳定后,对应于上升航迹的机翼迎角又会恢复到与平飞相同的值。只是在转换过程中,会有短暂的变化。

从平直飞行到爬升的转换期间,升力的变化发生在升降舵拉起的一开始。飞机头的抬升增加了迎角,短暂地增加了升力。此时的升力大于重力,飞机开始爬升。当稳定爬升后,迎角和升力再次恢复到水平飞行时的值。

如果爬升时功率不改变,空速一般会降低,因为维持平飞时的空速需要的推力不足以维持相同的空速来爬升。当航迹向上倾斜时,飞机重量的一个分量作用于相同的方向,和飞机总阻力平行,因此也增加了诱导阻力。所以,总阻力大于推力,空速下降。一般空速下降的结果对应于阻力的降低,直到总阻力(包含相同方向的重力分量)等于推力。动力、空速的变化一般因不同的飞机大小,重量和总阻力以及其他因素的不同而发生变化。

通常,当空速稳定后推力和阻力、升力和重力再次平衡,但是比相同功率设置下的平飞状态的空速值要低。由于在爬升中飞机的重力不仅向下作用,还随阻力向后作用,这就需要额外的功率以保持和平飞时相同的空速。功率大小依赖于爬升角度。如果爬升的航迹很陡峭,那么可用功率将不足,空速较低。所以剩余功率的大小确定了飞机的爬升性能。

3. 下降受力

如同爬升一样,飞机从平直飞行进入下降状态,作用于飞机的力必定变化,这里的讨论假定下降时的功率和平直飞行时的功率一样。

当升降舵推下,飞机头向下倾斜时,迎角降低,结果是机翼升力降低。总升力和迎角的降低是短暂的,发生在航迹变成向下时。航迹向下的变化是由于迎角降低时升力暂时小于飞机的重量。升力和重力的这个不平衡导致飞机从平直航迹开始下降。当航迹处于稳定下降时,机翼的迎角再次获得原来的大小,升力和重力会再次平衡。从下降开始到稳定状态,空速通常增加。这是因为重力的一个分量现在沿航迹向前作用,类似于爬升中的向后作用。总体效果相当于动力增加,导致空速比平飞时增加。

为使下降时的空速和平飞时相同,很显然,功率必定降低。重力的分量沿航迹向前作用将随俯角的增加而增加,相反,俯角减小时重力向前的分量也减小。因此,为保持空速和巡航时一样,下降时要求降低的功率大小通过下降坡度来确定。

四、飞机的飞行性能

1. 滑翔

滑翔状态,此时发动机处于小油门状态,或怠速甚至关机状态。重力垂直向下,但是可分解成一个沿着飞行方向的力和一个垂直飞行方向的力。滑翔机在重力分力的作用下沿着飞行方向运动。空气反作用力的合力可以近似地分解为垂直飞行方向的升力和与之垂直并与飞行方向相反的阻力。这个力的分解图跟水平飞行的四力图非常相似,不过整个图被旋转了一个角度,这就是所谓的下滑角。一个较大的下滑角会导致一个很大的重力分量,这个分量拉着飞行器沿着其飞行轨迹运动。它会一直加速,直到空气反作用力的阻力分量变得足够大时,它才会再次进入平衡状态。

2. 俯冲

在俯冲状态中,甚至在某些极限状况下,飞行轨迹完全垂直向下,重力和推力(如果还存在)同时拉着飞行器向下运动,这时唯一的反作用力就是阻力了。当阻力变得足够大以至于能够平衡重力加上推力时,速度通常是极高的,但很可能在这个极限速度达到之前,飞行器就已经坠毁了。

3. 爬升

在爬升状态中,总的支持力是机翼的升力和发动机推力的合力。重力可以分解为两个分量,一个与升力反向,另一个与推力反向,也就是与阻力同向。于是结果就是四力平衡状态下被旋转了一个爬升角。极限的情况就是垂直爬升,这时重力和阻力的方向与推力相反。这种飞行的例子常见于直升机,但是常规的固定翼飞行器,如果有足够的推力,它也进行垂直爬升动作。在这种状态下,机翼的升力肯定是为零的,而且它的迎角也必须是为零的,这样才能不产生升力。因此很明显的事实就是,要想爬升得更陡和更快就必须有强大的推力,机翼的作用是次要的,推力必须能够克服重力和阻力的合力。

五、飞机的稳定性与操纵

飞机在飞行过程中,经常会受到各种各样的干扰,这些干扰会使飞机偏离原来的平衡状态,而在干扰消失以后,飞机能否自动恢复到原来的平衡状态,这就涉及飞机的稳定或不稳定的问题。

所谓飞机的稳定性,是指在飞行过程中,如果飞机受到某种扰动而偏离原来的平衡状态,在扰动消失以后,不经飞行员操纵,飞机能自动恢复到原来平衡状态的特性。如果能恢复,则说明飞机是稳定的;如果不能恢复或者更加偏离原来的平衡状态,则说明飞机是不稳定的。

飞机在空中飞行,可以产生俯仰运动、偏航运动和滚转运动,飞机绕横轴 oz 的运动为俯仰运动,绕立轴 oy 的运动为偏航运动,绕纵轴 ox 的运动为滚转运动。根据飞机绕机体轴的运动形式,飞机飞行时的稳定性可分为纵向稳定性、航向稳定性和横向稳定性。飞机的运动示意图如图 3-20 所示。

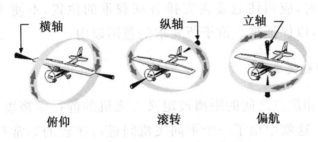

图 3-20　飞机的运动示意图

1. 飞机的纵向稳定性

当飞机受微小扰动而偏离原来纵向平衡状态(俯仰方向),并在扰动消失以后,飞机能自动恢复到原来纵向平衡状态的特性,叫作飞机的纵向稳定性。

在飞行过程中,作用于飞机的俯仰力矩主要是机翼力矩和水平尾翼力矩。当飞机的迎角发生变化时,在机翼和尾翼上都会产生一定的附加升力,这个附加升力的合力作用点称为飞机的焦点。当飞机受到扰动而机头上仰时,机翼和水平尾翼的迎角增大,产生一个向上的附加升力,如果飞机重心位于焦点位置的前面,则此向上的附加升力会对飞机产生一个下俯的稳定力矩,使飞机趋向于恢复原来的飞行状态。反之,当飞机受扰动而机头下俯时,机翼和水平尾翼的迎角减小,会产生向下的附加升力,此附加升力对重心形成一个上仰的稳定力矩,也使飞机趋向于恢复原来的稳定状态。

因此,飞机的纵向稳定性主要取决于飞机重心的位置,只有当飞机的重心位于焦点前面时,飞机才是纵向稳定的;如果飞机的重心位于焦点之后,飞机则是纵向不稳定的。重心前移可以增加飞机的纵向静稳定性,但并不是静稳定性越大越好。例如,静稳定性过大,升降舵的操纵力矩就难以使飞机抬头。因此,如果重心前移使稳定性过大,会导致飞机的操纵性变差。

飞机的重心位置会随着飞机载重的分布情况不同而发生变

化。当重心位置后移时,将削弱飞机的纵向稳定性,所以在配置飞机载重时,应当注意妥善安排各项载重的位置,不使飞机中心后移过多,以保证重心位于所要求的范围以内。

2. 静稳定裕度

重心和焦点之间的距离被定义为飞机的静稳定裕度(又称静稳定度)。这就给出了一个不同飞机间进行比较的非常有用的标准,因为如果具有相似的静稳定裕度,那么就具有相当的静稳定性。裕度越大,稳定性就越强。这一概念同时凸显了这一事实:重心的移动将改变静稳定裕度。通过这种简单的方法,一个危险的不稳定飞行器可以变得稳定,或者过稳定飞行器可以变得更敏感、反应更快。因此,无人机可以通过在限制范围内增加或减少头部或尾部的配重调整飞行平台固有的稳定性。配重的任何变化都将需要新的升降舵配平以维持水平飞行。

3. 飞机的航向稳定性

飞机受到扰动以致方向平衡状态遭到破坏,而在扰动消失后,飞机如能趋向于恢复原来的平衡状态,就具有航向稳定性。

飞机主要靠垂直尾翼的作用来保证航向稳定性。航向稳定力矩是在侧滑中产生的。飞机的侧滑飞行是一种既向前又向侧方的运动,此时,飞机的对称面和相对气流方向不一致。飞机产生侧滑时,空气从飞机侧方吹来,这时,相对气流方向和飞机对称面之间就有一个侧滑角 β。相对气流从左前方吹来叫左侧滑,相对气流从右前方吹来叫右侧滑。

在飞行过程中,飞机受微小扰动,机头右偏,出现左侧滑,空气从飞机的左前方吹来作用在垂直尾翼上,产生向右的附加侧力 Z。此力对飞机重心形成一个方向稳定力矩,力图使机头左偏,消除侧滑,使飞机恢复方向平衡状态,因此飞机具有航向稳定性。

相反,飞机出现右侧滑时,就形成使飞机向右偏转的方向稳定力矩。由此可见,只要有侧滑,飞机就会产生方向稳定力矩,并使飞机消除侧滑恢复到原来的平衡状态。

随着飞行马赫数的增大,特别是在超过声速以后,立尾的侧力系数迅速减小,产生侧力的能力急速下降,使得飞机的方向静稳定性降低。因此在设计超声速战斗机时,为了保证在最大平飞马赫数下仍具有足够的方向静稳定性,往往必须把立尾的面积做得很大,有时还需要选用腹鳍以及采用双立尾来增大航向稳定性。

4. 飞机的横向稳定性

飞机受扰动以致横侧向平衡状态遭到破坏,而在扰动消失后,如飞机自身产生一个恢复力矩,使飞机趋向于恢复原来的平衡状态,就具有横侧向稳定性;反之,就没有横侧向稳定性。在飞行过程中,使飞机自动恢复原来横侧向平衡状态的滚转力矩,主要是由机翼上反角、机翼后掠角和垂直尾翼的作用产生的。

在飞机平飞过程中,当一阵风吹到飞机的左翼上,使飞机的左翼抬起,右翼下沉,飞机受扰动而产生向右的倾斜,使飞机沿着合力的方向沿右下方产生侧滑,此时,空气从右前方吹来,因上反角的作用,右翼有效迎角增大,升力也增大,左翼则相反,有效迎角和升力都减小。左右机翼升力之差形成的滚转力矩,力图减小或消除倾斜,进而消除侧滑,使飞机具有自动恢复横侧向平衡状态的趋势。也就是说,飞机具有横侧向稳定性。

机翼后掠角也使飞机具有横侧向稳定性。一旦因外界干扰使飞机产生了向右的倾斜,飞机的升力也跟着倾斜,飞机将沿着合力的方向产生侧滑。由于后掠角的作用,飞机右翼的有效速度大于左翼的有效速度,所以,在右边机翼上产生的升力将大于左边机翼上产生的升力,两边机翼升力之差,形成滚转力矩,力图减小或消除倾斜,使飞机具有横侧向稳定性。

跨声速或超声速飞机,为了减小激波阻力,大都采用了后掠角比较大的机翼,因此,后掠角的横侧向稳定作用可能过大,以至于当飞机倾斜到左边后,在滚转力矩的作用下,又会倾斜到右边来。于是,飞机左右往复摆动,形成飘摆现象(荷兰滚)。为了克服这种不正常现象,可以采用下反角的外形来削弱后掠机翼的横侧向静稳定性。

低、亚声速飞机大都为梯形直机翼,为了保证飞机的横侧向静稳定性要求,或多或少都有几度大小的上反角。此外,如果机翼和机身组合采用上单翼布局形式,也会起到横侧向静稳定作用;相反,采用下单翼布局形式,则会起到横侧向静不稳定作用。这一点在选择上反角时也应综合考虑。

5. 荷兰滚

如果垂尾面积太小,且机翼上反角较大,就会发生荷兰滚或侧向振荡。飞行器如果受到侧风干扰,就会有侧滑趋势。上反角作出的响应,使飞行器滚转来阻止侧滑,抬高了"朝向侧滑一边"的机翼。然而,如果垂尾过小,则机身会有侧面对着气流的趋势。因此最初的小侧滑转化为偏航,使侧滑加大,同时伴随着滚转,直到机翼几乎被滚转到垂直位置。此后上反角使机翼向反方向滚转,机身试图转向新的侧滑方向,于是飞行器陷入剧烈的从一侧到另一侧的滚转加偏航的耦合振荡,垂尾以一定弧度猛烈摆动。解决方法是增大垂尾面积或者减小上反角,或两者同时进行。具有足够垂尾效率的飞行器在偏航时进入侧滑,被称之为风标稳定性。对于稳定的飞行器来说,上反角对侧滑机翼的抬升作用就不是很显著了。飞行器受侧风干扰时会适度地向风向侧滑,并伴随轻微滚转。因此侧向振荡稳定的必要条件是大垂尾、小上反角。

六、多旋翼飞行器结构和原理(以四旋翼为例)

1. 结构形式

四旋翼飞行器的旋翼对称分布在机体的前后、左右四个方向,四个旋翼处于同一高度平面,且四个旋翼的结构和半径都相同,四个电机对称的安装在飞行器的支架端,支架中间空间安放飞行控制计算机和外部设备。结构形式如图 3-21 所示。

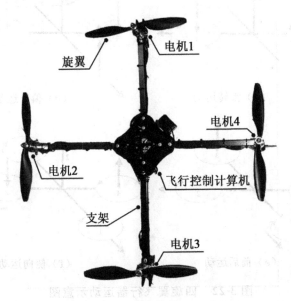

图 3-21 四旋翼飞行器结构

2. 工作原理

四旋翼飞行器通过调节四个电机转速来改变旋翼转速,实现升力的变化,从而控制飞行器的姿态和位置。四旋翼飞行器是一种六自由度的垂直升降机,但只有四个输入力,同时却有六个状态输出,所以它又是一种欠驱动系统。四旋翼飞行器运动示意图如图 3-22 所示。

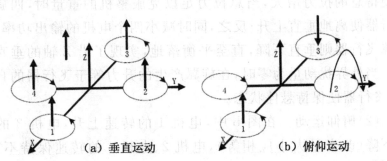

(a) 垂直运动   (b) 俯仰运动

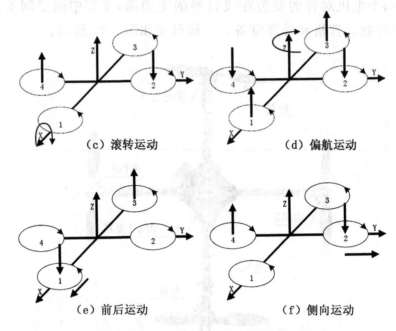

（c）滚转运动　　　　　　　　（d）偏航运动

（e）前后运动　　　　　　　　（f）侧向运动

图 3-22　四旋翼飞行器运动示意图

　　四旋翼飞行器的电机 1 和电机 3 逆时针旋转的同时，电机 2 和电机 4 顺时针旋转，因此当飞行器平衡飞行时，陀螺效应和空气动力扭矩效应均被抵消。

　　在上图中，电机 1 和电机 3 作逆时针旋转，电机 2 和电机 4 作顺时针旋转，规定沿 X 轴正方向运动称为向前运动，箭头在旋翼的运动平面上方表示此电机转速提高，在下方表示此电机转速下降。

　　（1）垂直运动。同时增加四个电机的输出功率，旋翼转速增加使得总的拉力增大，当总拉力足以克服整机的重量时，四旋翼飞行器便离地垂直上升；反之，同时减小四个电机的输出功率，四旋翼飞行器则垂直下降，直至平衡落地，实现了沿 Z 轴的垂直运动。当外界扰动量为零时，在旋翼产生的升力等于飞行器的自重时，飞行器便保持悬停状态。

　　（2）俯仰运动。在图 b 中，电机 1 的转速上升，电机 3 的转速下降（改变量大小应相等），电机 2、电机 4 的转速保持不变。

由于旋翼 1 的升力上升,旋翼 3 的升力下降,产生的不平衡力矩使机身绕 Y 轴旋转,同理,当电机 1 的转速下降,电机 3 的转速上升,机身便绕 Y 轴向另一个方向旋转,实现飞行器的俯仰运动。

(3)滚转运动。与图 b 的原理相同,在图 c 中,改变电机 2 和电机 4 的转速,保持电机 1 和电机 3 的转速不变,则可使机身绕 X 轴旋转(正向和反向),实现飞行器的滚转运动。

(4)偏航运动。旋翼转动过程中由于空气阻力作用会形成与转动方向相反的反扭矩,为了克服反扭矩影响,可使四个旋翼中的两个正转,两个反转,且对角线上的各个旋翼转动方向相同。反扭矩的大小与旋翼转速有关,当四个电机转速相同时,四个旋翼产生的反扭矩相互平衡,四旋翼飞行器不发生转动;当四个电机转速不完全相同时,不平衡的反扭矩会引起四旋翼飞行器转动。在图 d 中,当电机 1 和电机 3 的转速上升,电机 2 和电机 4 的转速下降时,旋翼 1 和旋翼 3 对机身的反扭矩大于旋翼 2 和旋翼 4 对机身的反扭矩,机身便在富余反扭矩的作用下绕 Z 轴转动,实现飞行器的偏航运动,转向与电机 1、电机 3 的转向相反。

(5)前后运动。要想实现飞行器在水平面内前后、左右的运动,必须在水平面内对飞行器施加一定的力。在图 e 中,增加电机 3 转速,使拉力增大,相应减小电机 1 转速,使拉力减小,同时保持其他两个电机转速不变,反扭矩仍然要保持平衡。按图 b 的理论,飞行器首先发生一定程度的倾斜,从而使旋翼拉力产生水平分量,因此可以实现飞行器的前飞运动。向后飞行与向前飞行正好相反。(在图 b、图 c 中,飞行器在产生俯仰、翻滚运动的同时也会产生沿 X、Y 轴的水平运动。)

(6)倾向运动。在图 f 中,由于结构对称,所以倾向飞行的工作原理与前后运动完全一样。

第四章　无人机法律法规及标准规范

近年来随着技术进步,民用无人驾驶航空器(也称远程驾驶航空器,以下简称无人机)的生产和应用在国内外得到了蓬勃发展,其驾驶员(业界也称操控员、操作手、飞手等)数量也在快速增加。国际民航组织已经开始为无人机系统制定标准和建议措施(SARPs)、空中航行服务程序(PANS)和指导材料。这些标准和建议措施预计将在未来几年成熟,因此多个国家发布了管理规定。中国民用航空局在不妨碍民用无人机多元发展的前提下,颁布了多项管理文件,其中规定了无人机系统的名词定义和分类,加强对民用无人机驾驶员的规范管理,规范在民用航空使用空域范围内的民用无人驾驶航空器系统活动,确保飞行安全和地面安全,促进民用无人机产业的健康发展。

如今,无人机在很多应用领域都显示出其优越的性能。其中,国家电网公司正在推广无人机在架空输电线路巡检作业中的应用。本章主要讲述无人机在架空输电线路巡检作业中相关的法律法规。

第一节　无人机系统的定义、规范和规定

一、《轻小型运行无人机规定》中的相关内容

2015 年 12 月 29 日,中国民用航空局飞行标准司发布《轻小无人机运行规定》,(AC91－FS－2015－31),以下简称《运行规

定》其中规定了无人机以及相关系统的名词定义和具体分类,如图 4-1 所示。

中 国 民 用 航 空 局 飞 行 标 准 司

咨 询 通 告	编　　号:AC-91-FS-2015-31
	下发日期:2015 年 12 月 29 日
	编制部门:FS
	批 准 人:胡振江

轻小无人机运行规定

（试行）

图 4-1 轻小无人机运行规定

该运行规定具体管辖可在视距内或视距外操作的、空机重量小于等于 116kg、起飞全重不大于 150kg 的无人机,校正空速不超过 100km/h;起飞全重不超过 5700kg,距受药面高度不超过 15m 的植保类无人机;充气体积在 4600m³ 以下的无人飞艇适用无人机运行管理分类。无人机分类见表 4-1。

表 4-1 无人机分类

分类	空机重量/kg	起飞全重/kg
Ⅰ	0＜W≤1.5	
Ⅱ	1.5＜W≤4	1.5＜W≤7
Ⅲ	4＜W≤15	7＜W≤25
Ⅳ	15＜W≤116	25＜W≤150

分类	空机重量/kg	起飞全重/kg
V	植保类无人机	
VI	无人飞艇	
VII	可100m之外超视距运行的Ⅰ、Ⅱ类无人机	

注1：实际运行中，Ⅰ、Ⅱ、Ⅲ、Ⅳ类分类有交叉时，按照较高要求的一类分类。

注2：对于串、并列运行或者编队运行的无人机，按照总重量分类。

注3：地方政府（例如当地公安部门）对于Ⅰ、Ⅱ类无人机重量界限低于本表规定的，以地方政府的具体要求为准。

1. 无人机及其系统的定义

无人机（Unmanned Aircraft，UA），是由控制站管理（包括远程操纵或自主飞行）的航空器，也称远程驾驶航空器（Remotely Piloted Aircraft，RPA）。

无人机系统（Unmanned Aircraft System，UAS），也称远程驾驶航空器系统（Remotely Piloted Aircraft Systems，RPAS），是指由无人机、相关控制站、所需的指令与控制数据链路，以及批准的型号设计规定的任何其他部件组成的系统。

无人机系统驾驶员，由运营人指派，对无人机的运行负有必不可少责任并在飞行期间适时操纵无人机的人。

无人机系统的机长，是指在系统运行时间内负责整个无人机系统运行和安全的驾驶员。

无人机观测员，由运营人指定的训练有素的人员，通过目视观测无人机，协助无人机驾驶员安全实施飞行。

运营人，是指从事或拟从事航空器运营的个人、组织或者企业。

控制站（也称遥控站、地面站），无人机系统的组成部分，包括用于操纵无人机的设备。

指令与控制数据链路（Command and Control data link，C2），是指无人机和控制站之间为飞行管理之目的的数据链接。

视距内运行（Visual Line of Sight Operations，VLOS），无人机驾驶员或无人机观测员与无人机保持直接目视视觉接触的操作方式，航空器处于驾驶员或观测员目视视距内半径500m，相对高度低于120m的区域内。

超视距运行（Beyond VLOS，BVLOS），无人机在目视视距以外的运行。

融合空域，是指有其他航空器同时运行的空域。

隔离空域，是指专门分配给无人机系统运行的空域，通过限制其他航空器的进入以规避碰撞风险。

人口稠密区，是指城镇、村庄、繁忙道路或大型露天集会场所等区域。

重点地区，是指军事重地、核电站和行政中心等关乎国家安全的区域及周边，或地方政府临时划设的区域。

机场净空区，也称机场净空保护区域，是指为保护航空器起飞、飞行和降落安全，根据民用机场净空障碍物限制图要求划定的空间范围。

空机重量，是指不包含载荷和燃料的无人机重量，该重量包含燃料容器和电池等固体装置。

无人机云系统（简称无人机云），是指轻小型民用无人机运行动态数据库系统，用于向无人机用户提供航行服务、气象服务等，对民用无人机运行数据（包括运营信息、位置、高度和速度等）进行实时监测。接入系统的无人机应即时上传飞行数据，无人机云系统对侵入电子围栏的无人机具有报警功能。

电子围栏，是指为阻挡即将侵入特定区域的航空器，在相应电子地理范围中画出特定区域，并配合飞行控制系统、保障区域安全的软硬件系统。

主动反馈系统，是指运营人主动将航空器的运行信息发送给监视系统。

被动反馈系统，是指航空器被雷达、ADS－B系统、北斗等手段从地面进行监视的系统，该反馈信息不经过运营人。

2. 民用无人机运行的仪表、设备和标识要求

具有有效的空地 C2 链路；

地面站或操控设备具有显示无人机实时的位置、高度、速度等信息的仪器仪表；

用于记录、回放和分析飞行过程的飞行数据记录系统，且数据信息至少保存 3 个月（适用于Ⅲ、Ⅳ、Ⅵ和Ⅶ类）；

对于接入无人机云系统的用户，应当符合无人机云的接口规范；

对于未接入无人机云系统的用户，其无人机机身需有明确的标识，注明该无人机的型号、编号、所有者、联系方式等信息，以便出现坠机情况时能迅速查找到无人机所有者或操作者信息。

3. 管理方式

民用无人机分类繁杂，运行种类繁多，所使用空域远比有人驾驶航空器广阔，因此有必要实施分类管理，依据现有无人机技术成熟情况，针对轻小型民用无人机进行以下运行管理。

（1）电子围栏。

①对于Ⅲ、Ⅳ、Ⅵ和Ⅶ类无人机，应安装并使用电子围栏。

②对于在重点地区和机场净空区以下运行Ⅱ类和Ⅴ类无人机，应安装并使用电子围栏。

（2）接入无人机云的民用无人机。

①对于重点地区和机场净空区以下使用的Ⅱ类和Ⅴ类的民用无人机，应接入无人机云，或者仅将其地面操控设备位置信息接入无人机云，报告频率最少每分钟一次。

②对于Ⅲ、Ⅳ、Ⅵ和Ⅶ类的民用无人机应接入无人机云，在人口稠密区报告频率最少每秒一次。在非人口稠密区报告频率最少每 30 秒一次。

③对于Ⅳ类的民用无人机,增加被动反馈系统。

未接入无人机云的民用无人机运行前需要提前向管制部门提出申请,并提供有效监视手段。

根据《民用航空法》规定,无人机运营人应当对无人机投保地面第三人责任险。

4. 无人机云提供商须具备的条件

(1)设立了专门的组织机构;

(2)建立了无人机云系统的质量管理体系和安全管理体系;

(3)建立了民用无人机驾驶员、运营人数据库和无人机运行动态数据库,可以清晰管理和统计持证人员,监测运行情况;

(4)已与相应的管制、机场部门建立联系,为其提供数据输入接口,并为用户提供空域申请信息服务;

(5)建立与相关部门的数据分享机制,建立与其他无人机云提供商的关键数据共享机制;

(6)满足当地人大和地方政府出台的法律法规,遵守军方为保证国家安全而发布的通告和禁飞要求;

(7)获得局方试运行批准。

提供商应定期对系统进行更新扩容,保证其所接入的民用无人机运营人使用方便、数据可靠、低延迟、飞行区域实时有效。

提供商每6个月向局方提交报告,内容包括无人机云系统接入航空器架数,运营人数量,技术进步情况,遇到的困难和问题,事故和事故征候等。

二、《民用无人机驾驶员管理规定》中的相关内容

2016 年 7 月 11 日,中国民用航空局飞行标准司发布《民用无人机驾驶员管理规定》(AC—61—FS—2016—20R1),以下简称《驾驶员管理规定》,如图 4-2 所示。

中 国 民 用 航 空 局 飞 行 标 准 司

咨询通告

编　　号：AC-61-FS-2016-20R1

下发日期：2016 年 7 月 11 日

编制部门：FS

批 准 人：胡振江

民用无人机驾驶员管理规定

图 4-2　民用无人机驾驶员管理规定

其中规定了民用无人驾驶飞行器的级别见表 4-2。

表 4-2　无人机级别

无人机分类	空机重量/kg	起飞全重/kg
Ⅰ	0＜W≤1.5	
Ⅱ	1.5＜W≤4	1.5＜W≤7
Ⅲ	4＜W≤15	7＜W≤25
Ⅳ	15＜W≤116	25＜W≤150
Ⅴ	植保类无人机	
Ⅵ	无人飞艇	
Ⅶ	超视距运行的Ⅰ、Ⅱ类无人机	
Ⅺ	116＜W≤5700	150＜W≤5700
Ⅻ	W＞5700	

注1. 实际运行中，Ⅰ、Ⅱ、Ⅲ、Ⅳ、Ⅺ类分类有交叉时，按照较高要求的一类分类。

　2. 对于串、并列运行或者编队运行的无人机，按照总重量分类。

　3. 地方政府（例如当地公安部门）对于Ⅰ、Ⅱ类无人机重量界限低于本表规定的，以地方政府的具体要求为准。

《驾驶员管理规定》中关于无人机及其系统的定义比《运行规定》中多 3 条，具体如下：

感知与避让，是指看见、察觉或发现交通冲突或其他危险并采取适当行动的能力。

无人机感知与避让系统,是指无人机机载安装的一种设备,用以确保无人机与其他航空器保持一定的安全飞行间隔,相当于载人航空器的防撞系统。在融合空域中运行的Ⅺ、Ⅻ类无人机应安装此种系统。

扩展视距(EVLOS:Extended VLOS)运行,无人机在目视视距以外运行,但驾驶员或者观测员借助视觉延展装置操作无人机,属于超视距运行的一种。

第二节　无人机驾驶员的相关标准和规定

一、《运行规定》中的相关内容

1. 民用无人机机长的职责和权限

民用无人机机长对民用无人机的运行直接负责,并具有最终决定权。在飞行中遇有紧急情况时:

(1)机长必须采取适合当时情况的应急措施。

(2)在飞行中遇到需要立即处置的紧急情况时,机长可以在保证地面人员安全所需要的范围内偏离本咨询通告的任何规定。

如果在危及地面人员安全的紧急情况下必须采取违反当地规章或程序的措施,机长必须毫不迟疑地通知有关地方当局。

机长必须负责以可用的、最迅速的方法将导致人员严重受伤或死亡、地面财产重大损失的任何航空器事故通知最近的民航及相关部门。

在开始飞行之前,机长应当:

(1)了解任务执行区域限制的气象条件;

(2)确定运行场地满足无人机使用说明书所规定的条件;

（3）检查无人机各组件情况、燃油或电池储备、通信链路信号等满足运行要求。对于无人机云系统的用户，应确认系统是否接入无人机云；

（4）制定出现紧急情况的处置预案，预案中应包括紧急备降地点等内容。

2. 民用无人机驾驶员资格要求如下：

民用无人机驾驶员应当根据其所驾驶的民用无人机的等级分类，符合咨询通告《民用无人机驾驶员管理规定》（AC—61—FS—2016—20R1）中关于执照、合格证、等级、训练、考试、检查和航空经历等方面的要求，并依据本咨询通告运行。

二、《驾驶员管理规定》中相关内容

1. 管理机构

无人机系统分类较多，所适用空域远比有人驾驶航空器广阔，因此有必要对无人机系统驾驶员实施分类管理。

（1）下列情况下，无人机系统驾驶员自行负责，无须证照管理：

①在室内运行的无人机；

②Ⅰ、Ⅱ类无人机（如运行需要，驾驶员可在无人机云系统进行备案。备案内容应包括驾驶员真实身份信息、所使用的无人机型号，并通过在线法规测试）；

③在人烟稀少、空旷的非人口稠密区进行试验的无人机。

（2）下列情况下，无人机驾驶员由行业协会实施管理，局方飞行标准部门可以实施监督：

①在隔离空域内运行的除Ⅰ、Ⅱ类以外的无人机；

②在融合空域内运行的Ⅲ、Ⅳ、Ⅴ、Ⅵ、Ⅶ类无人机。

（3）在融合空域运行的Ⅺ、Ⅻ类无人机，其驾驶员由局方实施管理。

2. 行业协会对无人机系统驾驶员的管理

(1)实施无人机系统驾驶员管理的行业协会须具备以下条件：

①正式注册 5 年以上的全国性行业协会，并具有行业相关性；

②设立了专门的无人机管理机构；

③建立了可发展完善的理论知识评估方法，可以测评人员的理论水平；

④建立了可发展完善的安全操作技能评估方法，可以评估人员的操控、指挥和管理技能；

⑤建立了驾驶员考试体系和标准化考试流程，可实现驾驶员训练、考试全流程电子化实时监测；

⑥建立了驾驶员管理体系，可以统计和管理驾驶员在持证期间的运行和培训的飞行经历、违章处罚等记录；

⑦已经在民航局备案。

(2)行业协会对申请人实施考核后签发训练合格证，在第 5 条第(2)款所述情况下运行的无人机系统中担任驾驶员，必须持有该合格证。

(3)训练合格证应定期更新，更新时应对新的法规要求、新的知识和驾驶技术等内容实施必要的培训，如需要，应进行考核。

(4)行业协会每 6 个月向局方提交报告，内容包括训练情况、技术进步情况、遇到的困难和问题、事故和事故征候、训练合格证统计信息等。

3. 局方对无人机系统驾驶员的管理

(1)执照要求。

①在融合空域 3000m 以下运行的 XI 类无人机驾驶员，应至少持有运动或私用驾驶员执照，并带有相似的类别等级(如适用)；

②在融合空域 3000m 以上运行的 XI 类无人机驾驶员，应至

少持有带有飞机或直升机等级的商用驾驶员执照；

③在融合空域运行的Ⅻ类无人机驾驶员，应至少持有带有飞机或直升机等级的商用驾驶员执照和仪表等级；

④在融合空域运行的Ⅻ类无人机机长，应至少持有航线运输驾驶员执照。

（2）对于完成训练并考试合格人员，在其驾驶员执照上签注如下信息：

①无人机型号；

②无人机类型；

③职位，包括机长、副驾驶。

（3）熟练检查。驾驶员应对每个签注的无人机类型接受熟练检查，该检查每12个月进行一次。检查由局方可接受的人员实施。

（4）体检合格证。持有驾驶员执照的无人机驾驶员必须持有按中国民用航空规章《民用航空人员体检合格证管理规则》（CCAR—67FS)颁发的有效体检合格证，并且在行使驾驶员执照权利时随身携带该合格证。

（5）航空知识要求。申请人必须接受并记录培训机构工作人员提供的地面训练，完成下列与所申请无人机系统等级相应的地面训练课程并通过理论考试。

①航空法规以及机场周边飞行、防撞、无线电通信、夜间运行、高空运行等知识；

②气象学，包括识别临界天气状况，获得气象资料的程序以及航空天气报告和预报的使用；

③航空器空气动力学基础和飞行原理；

④无人机主要系统，导航、飞控、动力、链路、电气等知识；

⑤无人机系统通用应急操作程序；

⑥所使用的无人机系统特性，包括：

A. 起飞和着陆要求；

B. 性能；

a. 飞行速度；

b. 典型和最大爬升率；

c. 典型和最大下降率；

d. 典型和最大转弯率；

e. 其他有关性能数据（例如风、结冰、降水限制）；

f. 航空器最大续航能力。

C. 通信、导航和监视功能：

a. 航空安全通信频率和设备，包括：

i. 空中交通管制通信，包括任何备用的通信手段；

ii. 指令与控制数据链路（C2），包括性能参数和指定的工作覆盖范围；

iii. 无人机驾驶员和无人机观测员之间的通讯（如适用）。

b. 导航设备；

c. 监视设备（如 SSR 应答，ADS－B 发出）；

e. 发现与避让能力；

f. 通信紧急程序，包括：

i. ATC 通信故障；

ii. 指令与控制数据链路故障；

iii. 无人机驾驶员/无人机观测员通讯故障（如适用）。

g. 控制站的数量和位置以及控制站之间的交接程序（如适用）。

（6）飞行技能与经历要求。申请人必须至少在下列操作上接受并记录了培训机构提供的针对所申请无人机系统等级的实际操纵飞行或模拟飞行训练。

①对于机长：

A. 空域申请与空管通讯，不少于 4h；

B. 航线规划，不少于 4h；

C. 系统检查程序，不少于 4h；

D. 正常飞行程序指挥，不少于 20h；

E. 应急飞行程序指挥，包括规避航空器、发动机故障、链路

丢失、应急回收、迫降等,不少于 20h;

　　F. 任务执行指挥,不少于 4h。

　　②对于驾驶员:

　　A. 飞行前检查,不少于 4h;

　　B. 正常飞行程序操作,不少于 20h;

　　C. 应急飞行程序操作,包括发动机故障、链路丢失、应急回收、迫降等,不少于 20h。

　　上述 A 款内容不包含 B 款所要求内容。

　　(7)飞行技能考试。

　　①考试员应由局方认可的人员担任;

　　②用于考核的无人机系统由执照申请人提供;

　　③考试中除对上述训练内容进行操作考核,还应对下列内容进行充分口试:

　　A. 所使用的无人机系统特性;

　　B. 所使用的无人机系统正常操作程序;

　　C. 所使用的无人机系统应急操作程序。

第三节　安全飞行

一、《民用无人驾驶航空器系统空中交通管理办法》中的相关内容

　　2016 年 9 月 21 日,中国民用航空局空中管理办公室发布《民用无人驾驶航空器系统空中交通管理办法》(MD－TM－2016－004),以下简称《空中交通管理办法》。其目的是为了加强对民用无人驾驶航空器飞行活动的管理,规范其空中交通管理工作,依据《中华人民共和国民用航空法》、《中华人民共和国飞行基本规则》、《通用航空飞行管制条例》和《民用航空空中交通管理规则》,制定本

办法(如图 4-3 所示)。

管理文件

中国民用航空局空管行业管理办公室

编　　号：MD-TM-2016-004

下发日期：2016 年 9 月 21 日

民用无人驾驶航空器系统
空中交通管理办法

图 4-3　民用无人驾驶航空器系统空中交通管理办法

　　本办法适用于依法在航路航线、进近(终端)和机场管制地带等民用航空使用空域范围内或者对以上空域内运行存在影响的民用无人驾驶航空器系统活动的空中交通管理工作。

　　民航局指导监督全国民用无人驾驶航空器系统空中交通管理工作,地区管理局负责本辖区内民用无人驾驶航空器系统空中交通服务的监督和管理工作。

　　空管单位向其管制空域内的民用无人驾驶航空器系统提供空中交通服务。

　　民用无人驾驶航空器仅允许在隔离空域内飞行。

　　民用无人驾驶航空器在隔离空域内飞行,由组织单位和个人负责实施,并对其安全负责。多个主体同时在同一空域范围内开展民用无人驾驶航空器飞行活动的,应当明确一个活动组织者,并对隔离空域内民用无人驾驶航空器飞行活动安全负责。

1. 评估管理

在本办法第二条规定的民用航空使用空域范围内开展民用无人驾驶航空器系统飞行活动,除满足以下全部条件的情况外,应通过地区管理局评审:

(1)机场净空保护区以外;

(2)民用无人驾驶航空器最大起飞重量≤7kg;

(3)在视距内飞行,且天气条件不影响持续可见无人驾驶航空器;

(4)在昼间飞行;

(5)飞行速度不大于 120km/h;

(6)民用无人驾驶航空器符合适航管理相关要求;

(7)驾驶员符合相关资质要求;

(8)在进行飞行前驾驶员完成对民用无人驾驶航空器系统的检查;

(9)不得对飞行活动以外的其他方面造成影响,包括地面人员、设施、环境安全和社会治安等。

(10)运营人应确保其飞行活动持续符合以上条件。

民用无人驾驶航空器系统飞行活动需要评审时,由运营人会同空管单位提出使用空域,对空域内的运行安全进行评估并形成评估报告。

地区管理局对评估报告进行审查或评审,出具结论意见。

民用无人驾驶航空器在空域内运行应当符合国家和民航有关规定,经评估满足空域运行安全的要求。评估应当至少包括以下内容:

(1)民用无人驾驶航空器系统情况,包括民用无人驾驶航空器系统基本情况、国籍登记、适航证件(特殊适航证、标准适航证和特许飞行证等)、无线电台及使用频率情况;

(2)驾驶员、观测员的基本信息和执照情况;

(3)民用无人驾驶航空器系统运营人基本信息;

(4)民用无人驾驶航空器的飞行性能,包括:飞行速度、典型和最大爬升率、典型和最大下降率、典型和最大转弯率、其他有关性能数据(例如风、结冰、降水限制)、航空器最大续航能力、起飞和着陆要求;

(5)民用无人驾驶航空器系统活动计划,包括:飞行活动类型或目的、飞行规则(目视或仪表飞行)、操控方式(视距内或超视距,无线电视距内或超无线电视距等)、预定的飞行日期、起飞地点、降落地点、巡航速度、巡航高度、飞行路线和空域、飞行时间和次数;

(6)空管保障措施,包括:使用空域范围和时间、管制程序、间隔要求、协调通报程序、应急预案等;

(7)民用无人驾驶航空器系统的通信、导航和监视设备和能力,包括:民用无人驾驶航空器系统驾驶员与空管单位通信的设备和性能、民用无人驾驶航空器系统的指挥与控制链路及其性能参数和覆盖范围、驾驶员和观测员之间的通信设备和性能、民用无人驾驶航空器系统导航和监视设备及性能;

(8)民用无人驾驶航空器系统的感知与避让能力;

(9)民用无人驾驶航空器系统故障时的紧急程序,特别是:与空管单位的通信故障、指挥与控制链路故障、驾驶员与观测员之间的通信故障等情况;

(10)遥控站的数量和位置以及遥控站之间的移交程序;

(11)其他有关任务、噪声、安保、业载、保险等方面的情况;

(12)其他风险管控措施。

按照本规定第六条需要进行评估的飞行活动,其使用的民用无人驾驶航空器系统应当为遥控驾驶航空器系统,而非自主无人驾驶航空器系统。并且能够按要求设置电子围栏。

地区管理局应当组织相关部门对评估报告进行审查,对于复杂问题可以组织专家进行评审和现场演示,并将审查或评审结论反馈给运营人和有关空管单位。

2. 空中交通服务

民用无人驾驶航空器飞行应当为其单独划设隔离空域,明确水平范围、垂直范围和使用时段。可在民航使用空域内临时为民用无人驾驶航空器划设隔离空域。

飞行密集区、人口稠密区、重点地区、繁忙机场周边空域,原则上不划设民用无人驾驶航空器飞行空域。

隔离空域由空管单位会同运营人划设。划设隔离空域应综合考虑民用无人驾驶航空器通信导航监视能力、航空器性能、应急程序等因素,并符合下列要求:

(1)隔离空域边界原则上距其他航空器使用空域边界的水平距离不小于 10km;

(2)隔离空域上下限距其他航空器使用空域垂直距离 8400m(含)以下不得小于 600m,8400m 以上不得小于 1200m。

民用无人驾驶航空器在隔离空域内运行时,应当符合下列要求:

(1)民用无人驾驶航空器应当遵守规定的程序和安全要求;

(2)民用无人驾驶航空器确保在所分配的隔离空域内飞行,并与水平边界保持 5km 以上距离;

(3)防止民用无人驾驶航空器无意间从隔离空域脱离。

为了防止民用无人驾驶航空器和其他航空器活动相互穿越隔离空域边界,提高民用无人驾驶航空器运行的安全性,需要采取下列安全措施:

(1)驾驶员应当持续监视民用无人驾驶航空器飞行;

(2)当驾驶员发现民用无人驾驶航空器脱离隔离空域时,应向相关空管单位通报;

(3)空管单位发现民用无人驾驶航空器脱离隔离空域时,应当防止与其他航空器发生冲突,通知运营人采取相关措施,并向相关管制单位通报。

(4)空管单位应当同时向民用无人驾驶航空器和隔离空域附

近运行的其他航空器提供服务；

（5）在空管单位和民用无人驾驶航空器系统驾驶员之间应建立可靠的通信；

（6）空管单位应为民用无人驾驶航空器指挥与控制链路失效、民用无人驾驶航空器避让侵入的航空器等紧急事项设置相应的应急工作程序。

针对民用无人驾驶航空器违规飞行影响日常运行的情况，空管单位应与机场、军航管制单位等建立通报协调关系，制定信息通报、评估处置和运行恢复的方案，保证安全，降低影响。

3. 无线电管理

民用无人驾驶航空器系统活动中，使用无线电频率、无线电设备应当遵守国家无线电管理法规和规定，且不得对航空无线电频率造成有害干扰。

未经批准，不得在民用无人驾驶航空器上发射语音广播通信信号。

使用民用无人驾驶航空器系统应当遵守国家有关部门发布的无线电管制命令。

二、《民用无人驾驶航空器实名制登记管理规定》中的相关内容

2017 年 5 月 16 日，中国民用航空局航空器适航审定司发布《民用无人驾驶航空器实名制登记管理规定》（AP－45－AA－2017－03），以下简称《登记管理规定》。其目的是为加强民用无人驾驶航空器（以下简称民用无人机）的管理，对民用无人机拥有者实施实名制登记，特制定本管理规定。本管理规定适用于在中华人民共和国境内最大起飞重量为 250g 以上（含 250g）的民用无人机（如图 4-4 所示）。

登记要求为自 2017 年 6 月 1 日起，民用无人机的拥有者必

须按照本管理规定的要求进行实名登记。2017年8月31日后，民用无人机拥有者，如果未按照本管理规定实施实名登记和粘贴登记标志的，其行为将被视为违反法规的非法行为，其无人机的使用将受影响，监管主管部门将按照相关规定进行处罚。

管理程序

中国民用航空局航空器适航审定司

编   号：AP-45-AA-2017-03

下发日期：2017年5月16日

民用无人驾驶航空器实名制登记管理规定

图4-4　民用无人驾驶航空器实名制登记管理规定

1.《登记管理规定》中关于无人机的定义

民用无人机：民用无人机是指没有机载驾驶员操纵、自备飞行控制系统，并从事非军事、警察和海关飞行任务的航空器。不包括航空模型、无人驾驶自由气球和系留气球。

民用无人机拥有者：民用无人机拥有者是指民用无人机的所有权人，包括个人、依据中华人民共和国法律设立的企业法人/事业法人/机关法人和其他组织。

民用无人机最大起飞重量：民用无人机最大起飞重量是指根据无人机的设计或运行限制，无人机能够起飞时所容许的最大重量。

民用无人机空机重量：民用无人机空机重量是指无人机制造厂给出的无人机基本重量。除商载外，该无人机做好执行飞行任务的全部重量，包含标配电池重量和最大燃油重量。

2. 相关部门的职责

(1)中国民用航空局航空器适航审定司。

①制定民用无人机实名登记政策；

②管理"中国民用航空局民用无人机实名登记信息系统"(以下简称无人机实名登记系统)。

(2)民用无人机制造商。

①在"无人机实名登记系统"中填报其产品的名称、型号、最大起飞重量、空机重量、产品类型、无人机购买者姓名和移动电话等信息；

②在产品外包装明显位置和产品说明书中，提醒拥有者在"无人机实名登记系统"中进行实名登记，警示不实名登记擅自飞行的危害；

③随产品提供不干胶打印纸，供拥有者打印"无人机登记标志"。

(3)民用无人机拥有者。

①依据本管理规定 3.2 的要求，在"无人机实名登记系统"进行实名登记；

②依据本管理规定 3.4 的要求，在其拥有无人机上粘贴登记标志；

③当发生本管理规定 3.5 所述情况，在"无人机实名登记系统"上更新无人机的信息。

3. 民用无人机实名登记要求

(1)民用无人机制造商填报信息。民用无人机制造商在"无人机实名登记系统"中填报的信息包括：

①制造商名称、注册地址和联系方式；

②产品名称和型号；

③空机重量和最大起飞重量；

④产品类别；

⑤无人机购买者姓名和移动电话。

（2）个人民用无人机拥有者登记信息。个人民用无人机拥有者在"无人机实名登记系统"中登记的信息包括：

① 拥有者姓名；

②有效证件号码（如身份证号、护照号等）；

③移动电话和电子邮箱；

④产品型号、产品序号；

⑤使用目的。

（3）单位民用无人机拥有者登记信息。

①民用无人机登记标志包括登记号和登记二维码，民用无人机拥有者在"无人机实名登记系统"中完成信息填报后，系统自动给出包含登记号和二维码的登记标志图片，并发送到登记的邮箱。

②民用无人机登记号是为区分民用无人机而给出的编号，对于序号（S/N）不同的民用无人机，登记号不同。民用无人机登记号共有 11 位字符，分为两部分：前三位为字母 UAS，后 8 位为阿拉伯数字，采用流水号形式，范围为 00000001～99999999，例如登记号 UAS00000003。

③民用无人机登记二维码包括无人机制造商、产品型号、产品名称、产品序号、登记时间、拥有者姓名或单位名称、联系方式等信息。

4. 民用无人机的标识要求

（1）民用无人机拥有者在收到系统给出的包含登记号和二维码的登记。标志图片后，将其打印为至少 2cm×2cm 的不干胶粘贴牌。

（2）民用无人机拥有者将登记标志图片采用耐久性方法粘于无人机不易损伤的地方，且始终清晰可辨，亦便于查看。便于查看是指登记标志附着于一个不需要借助任何工具就能查看的部件之上。

（3）民用无人机拥有者必须确保无人机每次运行期间均保持登记标志附着其上。

（4）民用无人机登记号和二维码信息不得涂改、伪造或转让。

5. 登记信息的更新

（1）民用无人机发生出售、转让、损毁、报废、丢失或者被盗等情况，民用无人机拥有者应及时通过"无人机实名登记系统"注销该无人机的信息。

（2）民用无人机的所有权发生转移后，变更后的所有人必须按照本管理规定的要求实名登记该民用无人机的信息。

三、《民用无人驾驶航空器经营性飞行活动管理办法（暂行）》中的相关内容

2018年3月21日，中国民用航空局运输司发布《民用无人驾驶航空器经营性飞行活动管理办法（暂行）》（MD－TR－2018－01），以下简称《管理办法》。该《管理办法》自2018年6月1日起生效。其目的是为了规范使用民用无人驾驶航空器（以下简称"无人驾驶航空器"）从事经营性飞行活动，加强市场监管，促进无人驾驶航空器产业安全、有序、健康发展，依据《民航法》及无人驾驶航空器管理的有关规定，制定本办法（如图4-5所示）。

本办法适用于在中华人民共和国境内（港澳台地区除外）使用最大空机重量为250g以上（含250g）的无人驾驶航空器开展航空喷洒（撒）、航空摄影、空中拍照、表演飞行等作业类和无人机驾驶员培训类的经营活动。

无人驾驶航空器开展载客类和载货类经营性飞行活动不适

用本办法。

管理文件

中国民用航空局运输司

编　　号:MD-TR-2018-01
下发日期:2018 年 3 月 21 日

民用无人驾驶航空器经营性
飞行活动管理办法(暂行)

图 4-5　民用无人驾驶航空器经营性飞行活动管理办法

使用无人驾驶航空器开展本办法第二条所列的经营性飞行活动应当取得经营许可证,未取得经营许可证的,不得开展经营性飞行活动。

中国民用航空局(以下简称民航局)对无人驾驶航空器经营许可证实施统一监督管理。中国民用航空地区管理局(以下简称民航地区管理局)负责实施辖区内的无人驾驶航空器经营许可证颁发及监管管理工作。

1. 许可证申请条件及程序

取得无人驾驶航空器经营许可证,应当具备下列基本条件:

(1)从事经营活动的主体应当为企业法人,法定代表人为中国籍公民;

(2)企业应至少拥有一架无人驾驶航空器,且以该企业名称在中国民用航空局"民用无人驾驶航空器实名登记信息系统"中完成实名登记;

(3)具有行业主管部门或经其授权机构认可的培训能力(此

款仅适用从事培训类经营活动）；

（4）投保无人驾驶航空器地面第三人责任险。

具有下列情形之一的，不予受理无人驾驶航空器经营许可证申请：

（1）申请人提供虚假材料被驳回，一年内再次申请的；

（2）申请人以欺骗、贿赂等不正当手段取得经营许可证后被撤销，3年内再次申请的；

（3）因严重失信行为被列入民航行业信用管理"黑名单"的企业；

（4）法律、法规规定不予受理的其他情形。

申请人应当通过"民用无人驾驶航空器经营许可证管理系统"（https://uas.ga.caac.gov.cn）在线申请无人驾驶航空器经营许可证，申请人须在线填报以下信息，并确保申请材料及信息真实、合法、有效：

（1）企业法人基本信息；

（2）无人驾驶航空器实名登记号；

（3）无人机驾驶员培训机构认证编号（此款仅适用于培训类经营活动）；

（4）投保地面第三人责任险承诺；

（5）企业拟开展的无人驾驶航空器经营项目。

民航地区管理局应当自申请人在线成功提交申请材料之日起20日内作出是否准予许可的决定。准予许可的，申请人可在线获取电子经营许可证，不予许可的，申请人可在线查询原因。

2. 监督管理

许可证持有人开展经营性飞行活动，应当遵守国家法律法规和无人驾驶航空器管理有关规定的要求，遵守空中运行秩序，确保安全。

许可证持有人应持续符合取得经营许可证所需符合的条件。

许可证持有人开展飞行活动，应当采取有效的环境保护措施。

许可证持有人应在许可证列明的经营范围内开展经营活动。

许可证持有人应在飞行活动结束后 72h 内,通过系统报送相关作业信息。

有下列情形之一的,民航地区管理局依法撤销企业经营许可证:

(1)向不具备许可条件的申请人颁发许可证的;

(2)依法可以撤销经营许可证的其他情形。

许可证持有人有下列情形之一的,民航地区管理局应当依法办理经营许可证的注销手续:

(1)因破产、解散等原因被终止法人资格的;

(2)经营许可证依法被撤销的;

(3)经营许可证持有人自行申请注销的;

(4)法律、法规规定的应当注销的其他情形。

无人驾驶航空器经营许可证不得涂改、出借、买卖或转让。

许可证持有人应当在线打印无人驾驶航空器经营许可证,并置于公司住所或者营业场所的醒目位置。

无人驾驶航空器经营许可证在未被依法吊销、撤销、注销等情况下,长期有效。

第五章　架空输电线路无人机巡检系统

架空输电线路无人机巡检系统是运用无人机对架空输电线路进行巡检的综合性系统,通过搭载可见光相机、红外热像仪等设备实现对输电线路本体缺陷、通道隐患等进行精细化巡视。本章重点从无人机巡检系统组成、系统分类等方面对其进行介绍。

第一节　无人机巡检系统组成

架空输电线路无人机巡检系统通常包括无人机分系统、任务载荷分系统和综合保障分系统三个部分,系统组成结构如图 5-1 所示。

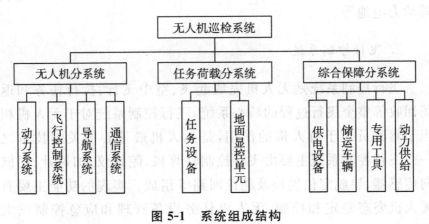

图 5-1　系统组成结构

一、无人机分系统

无人机分系统是无人机巡检系统的重要组成部分,其性能直接影响无人机巡检系统的安全性与可靠性。无人机分系统包括动力系统、飞行控制系统、导航系统和通信系统。通信系统包括数据传输(数传)和视频传输(图传)系统。

1. 动力系统

无人机的动力系统主要有燃油发动机和电动动力系统两种。燃油发动机,有活塞发动机、转子发动机和涡轮喷气式发动机。燃油发动机结构相对较为复杂,不同类型发动机的组成结构也不尽相同。

架空输电线路无人机巡检系统普遍采用的是电动动力系统。电动动力系统主要由动力电机、动力电源、调速系统三部分组成。动力电机可分为有刷电动机和无刷电动机两类,其中有刷电动机由于效率较低,在无人机领域已逐渐不再使用。动力电源主要为电动机的运转提供电能,通常采用化学电池来作为电动无人机的动力电源,主要包括镍氢电池、镍镉电池、锂聚合物、锂离子、石墨烯动力电池等。

2. 飞行控制系统

飞行控制系统是无人机完成起飞、空中飞行、执行任务和返场回收等整个飞行过程的核心系统,飞行控制系统对于无人机相当于驾驶员对于有人机的作用,是无人机最核心的关键技术之一。飞行控制系统主要由飞行控制计算机、陀螺仪、加速计、磁航向传感器、导航定位模块及舵控回路等组成。实现的功能主要有无人机姿态稳定和控制、无人机任务设备管理和应急控制三大类。SP Racing F3 飞行控制系统如图 5-2 所示。

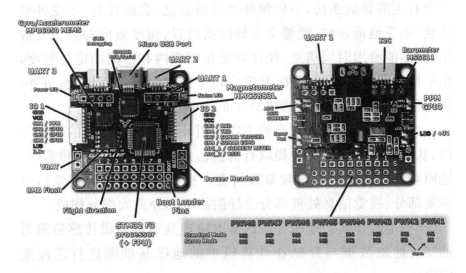

图 5-2　SP Racing F3 飞行控制系统

3. 导航系统

目前在无人机上可采用的导航技术主要包括卫星导航、惯性导航、多勒导航、电视导航、地形辅助导航以及地磁导航等，不同的导航技术都有其相应的适用范围和使用条件。目前无人机导航方式以卫星导航和惯性导航为主。

（1）卫星导航。卫星导航系统由导航卫星、地面台站和用户定位设备三部分组成。卫星导航系统能够为全球提供全天候、全天时的位置、速度和时间信息，精度不随时间变化，卫星导航优点是全球性、全天候、连续精密导航与定位能力，实时性较出色，但是不能提供载体的姿态信息，环境适应性较差，易受到干扰。现阶段应用较为广泛的卫星导航系统有全球定位系统（GPS）和中国北斗卫星导航系统等。

（2）惯性导航。惯性导航系统属于一种推算导航方式，即从已知点的位置根据连续测得的运载体航向角和速度推算出其下一点的位置。惯性导航系统的加速度计用于测量载体在三个轴间运动加速度，经积分运算得出载体的瞬时速度和位置；陀螺仪用于测量系统的角速率，进而计算出载体姿态，惯性导航是一种完全自主的导航系统,不依赖外界任何信息,隐蔽性好,不受外界干扰,不受地形影响,能够全天候提供位置、速度航向和姿态角数据,但不能给出时间信息,惯性导航在短期内有很高的定位精度,由于惯性器件误差的存在,其定位精度误差随时间而增大,另外,每次使用之前需要较长的初始对准时间。

(3)视觉导航。视觉导航主要利用计算机来模拟人的视觉功能,从客观事物的图像中提取有价值信息,对其进行识别和理解,进而获取载体的相关导航参数信息。视觉导航系统由视觉信息采集部分、视觉信息处理部分及导航跟踪部分三大部分构成。

(4)地磁导航。地磁导航的基本原理是通过地磁传感器测得的实时地磁数据与存储在计算机中的地磁基准图进行匹配来定位。

地磁导航具有无源性、无辐射、隐蔽性强、不受敌方干扰、全天时、全天候、全地域、能耗低的优良特点,且导航不存在误差积累。缺点是地磁匹配需要存储大量的地磁数据,实时性与计算机处理数据的能力有关。采用该导航方式要求飞行器按照规定的路线飞行,不利于飞行器的机动性。

(5)多普勒导航。多普勒导航系统由多普勒测速雷达、航姿系统、导航计算机3部分组成。多普勒雷达测量得到载体坐标系中的三轴向速度,利用航姿系统的姿态数据转换到地平坐标系中,在设定初始位置的前提下由导航计算机完成推航定位。

多普勒导航优点是自主性好,反应快,抗干扰性强,测速精度高,能用于各种气候条件和地形条件。缺点是工作时必须发射电波,因此隐蔽性不好。系统工作受地形影响,性能与反射面的形状有关,精度受天线姿态的影响,测量有积累误差,系统会随飞行距离的增大而使误差增大。

(6)地形辅助导航。飞行器在飞行过程中,利用预先存储的飞行路线中某些地区的特征数据,与实际飞行过程中测量到的相关数据不断比较来实施导航修正的一种方法。

地形匹配主要分为高度匹配和景象匹配。高度匹配一般用于飞行器中段导航,提供较低的定位精度,而景象匹配用于末端导航,提供高精度的位置信息。

(7)组合导航。把两种或两种以上的导航系统以适当的方式组合在一起,利用其性能上的互补特性,可以获得比单独使用任一系统时更高的导航性能。

根据架空输电线路巡检的任务特点,目前应用于电力巡检的无人机系统,通常使用惯性导航,GPS卫星导航与地磁导航相结合的组合导航方式。

4. 通信系统

通信系统由发射机、接收机和天馈线组成,通常包含数据传输和图像传输(如图5-3所法),数据传输系统通过地面模块与机载模块之间发送、接收信号以实现远距离的遥控遥测,图像传输系统主要是实时传输可见光视频、红外影像,供无人机操控人员实时操控云台转动到合适的角度拍摄输电线路、杆塔和线路走廊高清晰度的图像,同时辅助内控人员、外控人员实时观察无人直升机飞行状况。

图5-3　无人机图像传输系统

无人机巡检系统对通信系统的要求：

（1）实时性好、可靠性高要求。以便后台操控人员及时观察输电线路巡检的现场情况；

（2）抗干扰能力强。对高压线及高压设备产生的电磁干扰有较强的抗干扰能力；

（3）绕障和穿透能力。在城区、城郊、建筑物内等非通视和有阻挡的环境使用时仍然具有卓越的绕障和穿透能力。

二、任务载荷系统

任务载荷分系统包括任务设备和地面显控单元，任务设备可多样化，一般是光电舱或使用云台搭载检测终端。

光电吊舱（如图 5-4 所示）通过减振器能有效地降低无人机发动机振动对检测设备的影响，通过陀螺增稳系统的反馈控制，对无人机产生的晃动进行补偿，使输出的视频在高振动环境下稳定，获得相对惯性空间稳定的平台空间，以保持视角的有效性，满足对被检测系统的定位，在控制指令的驱动下，可实现吊舱对输电线路、杆塔和线路走廊的搜索和定位，同时进行监视、拍照并记录，有些吊舱还采用图像处理技术，实现对被检测设备的跟踪和凝视，已取得更好的检测效果。

图 5-4　光电吊舱

云台的主要功能是通过稳定平台隔离载机的摇摆、振动,使输出的视频在高振动环境下保持稳定;其增稳控制主要由速度控制器、电机驱动器、电机和编码器旋转速成速度环,由目标位置、前馈控制器、位置控制器、编码器位置信息构成位置环实现。

任务荷载可为可见光、红外、紫外等成像设备,也可为激光雷达、挂载模块等(如图5-5所示),成像设备功能是为地面飞行控制人员和任务操控人员提供实时数据,同时提供高清晰度的静态照片供后期分析输电线路、杆塔和线路走廊的故障和缺陷。挂载模块可实现放线作业时导引绳牵放,以及应急物资投放等功能。

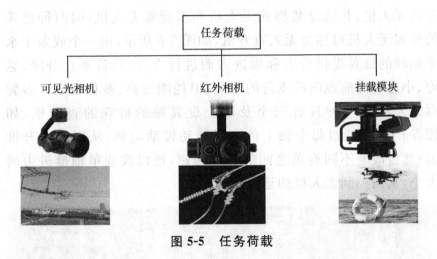

图5-5　任务荷载

三、综合保障系统

综合保障系统一般包括供电设备、动力供给、专用工具、备品备件和储运车辆等。中型无人机巡检系统一般需配备专用车辆,小型无人机巡检系统可根据具体需要配备储运车辆。

第二节　无人机巡检系统分类

无人机巡检系统分类方法多样,主要依据无人机分系统的机体特征,空机质量、环境温度、适用海拔进行分类。

一、按照机体特征进行分类

按照机体不同平台构型分类,无人机可分为旋翼无人机和固定翼无人机。

1. 旋翼无人机

旋翼无人机在空中飞行的升力由一个或多个旋翼与空气进行相对运动的反作用获得,旋翼无人机又可细分为单旋翼带尾桨型式无人机、共轴反桨型式无人机和多旋翼无人机,前两种型式的旋翼无人机可称为无人直升机,如图 5-6 所示,由一个或多个水平旋转的旋翼提供升力和推进力而进行飞行,具备垂直升降、悬停、小速度向前或向后飞行的功能,但耗能较高、航程较短。多旋翼无人机是一种具有三个及以上旋翼轴的特殊的直升机,如图 5-7 所示,通过每个轴上的电机转动带动旋翼,从而产生升推力;通过改变不同旋翼之间的相对转速,可以改变单轴推进力的大小,从而控制无人机的运行轨迹。

图 5-6　无人直升机

2. 固定翼无人机

固定翼无人机由动力装置产生前进的推力或拉力,由机体上固定的机翼产生升力,其结构包含机身、机翼、尾翼、起落架和发动机/电机等。固定翼无人机如图 5-8 所示,其飞行速度快,续航时间长,但无法悬停。该机型一般用于输电线路走廊的整体普查,及时发现线路走廊内违章建筑和高大树木,以及用于灾后应急评估,可为救灾抢险提供第一手的现场资料。

图 5-7　多旋翼无人直升机

图 5-8　固定翼无人机

二、按照空机质量分类

按照空机质量分类,中国民用航空局飞行标准司在《无人驾驶航空器系统驾驶员管理暂行规定》(AC61－FS－2013－20)中将无人机分为微型、轻型、小型、大型,依据此分类适合于输电线路巡检用的无人机多为微型和轻型无人机。对输电线路巡检用的无人机巡检系统,按照空机质量的分类标准见表5-1。

表5-1 按照空机质量分类

类别	旋翼无人机/kg	固定翼无人机/kg
大型	≥116	≥20
中型	7～116	7～20
小型	≤7	≤7

三、按照环境适应性分类

按照环境适应性等级分类,可按适用环境温度和最高海拔高度进行划分。

按运用环境温度无人机巡检系统分为普通型、高温型、低温型、极低温型和特殊型。各型无人直升机巡检系统适用的环境温度范围见表5-2。

表5-2 按适用环境温度分类

类别	适用环境温度	
	最低温度/℃	最高温度/℃
普通型	—10	45
高温型	—10	65
低温型	—20	45
极低温型	—20	45
特殊型	不在以上所列范围内	

按适用最高海拔高度，无人机巡检系统分为Ⅰ、Ⅱ、Ⅲ、Ⅳ型和Ⅴ型，见表 5-3。

表 5-3　按照适用最高海拔高度分类

类型	最高海拔高度/m
Ⅰ	1000
Ⅱ	2000
Ⅲ	3000
Ⅳ	4000
Ⅴ	6000

第六章 无人机巡检标准化作业

近年来,随着无人机技术快速发展并大范围推广应用,无人机巡线渐成常态。无人机通过搭载可见光与红外检测设备,可对输电线路进行拍照录像或红外成像检查,具有巡检质量高、效率高、不受地域影响等优点。本章在考虑到无人机巡检作业的各个环节基础之上,整理出了一套标准化作业流程,大大提高了无人机巡检的效率。

第一节 巡检内容、方式及方法

一、巡检内容

根据不同运维需求,无人机巡检作业可分为正常巡检、故障巡检、特殊巡检。

1. 正常巡检

周期性开展,目的在于经常掌握线路各部件运行情况及沿线情况,及时发现设备缺陷和威胁线路安全运行的情况。

2. 特殊巡检

发生故障后开展,目的在于掌握线路发生故障的情况,线路故障后,根据故障信息,确定重点巡检区段和部位,找出故障点并查明故障原因。特殊巡检应根据需要及时进行,对全线某区段或某些部件进行巡检,以发现线路的异常现象及部件的变形损坏。

3. 故障巡检

根据设备内外部环境及特殊生产需要做出的加强性、防范性及针对性巡检,如防山火巡检、防外破巡检、灾后巡检等。

二、巡检方式

根据无人机在巡检时的飞行轨迹或者航线规划的不同,无人机巡检作业可分为单侧巡检、双侧巡检、上方巡检。

1. 单侧巡检

(1)对 500kV 及以下电压等级的交、直流单回或同塔双回输电线路,在无人机传感器视场能够覆盖巡检目标且目标间无明显遮挡时,宜采取单侧巡检方式。

(2)较陡山坡线路区段采取单侧巡检方式,无人机处于远离山坡侧。

(3)其他不宜开展双侧巡检工作的线路区段(如巡检一侧输电线路时无人机长时间处于工厂、民房、公路、大桥或其他输电线路上方),仅在可巡检侧采取单侧巡检方式。

2. 双侧巡检

(1)对 500kV 及以下电压等级的交、直流同塔四回及以上输电线路,及 500kV 以上电压等级的交、直流输电线路,在无人机传感器视场无法覆盖巡检目标或目标间有明显遮挡无法区分时,应采取双侧巡检方式。

(2)对 500kV 及以下电压等级的交、直流单回或同塔双回输电线路,有特殊巡检需求时宜采取双侧巡检方式。

3．上方巡检

（1）采用固定翼无人机进行通道巡检时，一般采用上方巡检方式。

（2）采取上方巡检方式时，巡检高度一般至少为线路地线上方100m。

三、巡检方法

根据无人机不同的巡检对象，无人机巡检作业可分为杆塔巡检和档中巡检。

1．杆塔巡检

（1）应采用旋翼无人机对杆塔进行巡检，不宜采用固定翼无人机进行杆塔巡检。

（2）无人机应以低速接近杆塔，必要时可在杆塔附近悬停，使传感器在稳定状态下采集数据，确保数据的有效性与完整性。

（3）中型、大型无人机杆塔巡检高度宜与线路地线横担等高或稍高，当下端部件视角不佳不能看清时，可适当下降高度，自动飞行时最低高度应大于最小无地效高度。

（4）手动操作飞行时，中型、大型无人机外缘与杆塔及线路边导线巡检侧外缘水平距离分别不小于15m、20m。自动飞行时，各水平距离比手动操作飞行相应增大10m。

（5）中型、大型无人机在每基杆塔处低速或悬停巡检时间依照无人机具体性能参数及所携带传感器数据采集时间决定。

（6）小型无人机可根据实际需求调整悬停姿态及时间，无人机外缘与待巡检设备、部件的水平距离一般不宜小于10m，可根据无人机性能、线路电压等级和巡检经验调整。

（7）旋翼无人机不应在杆塔正上方悬停。

2. 档中巡检

（1）无人机飞行方向应与该档线路方向平行。

（2）中型、大型旋翼无人机飞行高度宜与线路地线横担等高或稍高，中型、大型固定翼无人机飞行高度宜高于线路地线上方100m 以上，小型无人机宜与巡检目标导、地线同高。

（3）手动操作飞行时，中型、大型无人机与巡检侧边导线的水平距离分别不小于 15m、20m。

（4）自动飞行时，各水平距离比手动操作飞行相应增大 10m。

（5）小型无人机与巡检侧边导线的水平距离一般不宜小于10m，可根据无人机性能、线路电压等级和巡检经验调整。

（6）旋翼无人机不应在线路正上方飞行，禁止在导线之间穿行。

第二节　无人机巡检作业模式及内容

无人机巡检作业模式，主要包括线路巡视、线路验收、缺陷排查、故障巡视和通道巡视等几个方面，基本涵盖了无人机在输电线路上的应用范围。无人机巡检内容包括线路本体、附属设施、通道及电力保护区三大部分，弥补了人工巡视的不足。

一、巡检模式

1. 精细化巡视

主要是采用旋翼无人机悬停在杆塔附近净空，通过挂载的相机对导线、金具、绝缘子等进行拍照，并分析拍摄的照片，查找本体及附属设施缺陷。依托其高空巡视、机动灵活的优势，可以从近距离、多角度对线路本体进行巡视，从而发现一些地面人工巡视难以发现的缺陷，如图 6-1 所示。

（a）绝缘子上挂点R销脱出

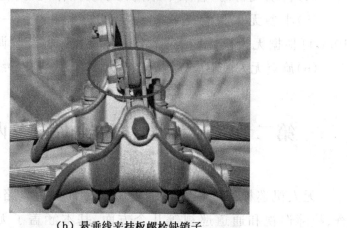

（b）悬垂线夹挂板螺栓缺销子

（c）导线散股

图 6-1　精细化巡视缺陷

2. 线路验收

(1)精细化验收。

采用旋翼无人机对设备进行全方位验收。验收作业方式与精细化巡视基本相同,并根据新建线路的结构特点进行调整,由此形成精细化验收标准流程,规范无人机验收作业。无人机从线路外侧巡查,可有效弥补登塔验收人员的视觉盲区,发现人工难以发现的隐蔽性缺陷,如图 6-2 所示。

（a）耐张塔调整板与U型挂环连接部位螺栓缺销子

（b）耐张塔绝缘子铁塔挂点U型挂环螺栓缺销子

图 6-2 无人机验收

（2）数字化验收。

采用无人机搭载三维激光雷达，构建线路及通道的三维模型，准确测量杆塔倾斜度、导线弧垂以及通道内交跨距离、超高树木等信息。

3. 缺陷排查

针对一些在地面难以确定具体情况的缺陷，也可通过无人机进行排查。如图 6-3 所示发现过一处地线断股，但从地面难以确定断股数。我们通过无人机巡视，分析出断股数，并以此为依据核算是否满足飞车出线的作业要求。

图 6-3　线路地线断股

4. 故障巡视

小型旋翼无人机基于其小型轻量、准备工作简便等优势，可第一时间响应于各种突发事件。如图 6-4 所示为紧凑型线路，人工登塔巡查安全风险较大，地面巡检又受角度及距离所限，难以查找放电点。我们首次启用小型多旋翼无人机进行故障巡检，成功在绝缘子均压环上侧发现放电点。

图 6-4　绝缘子下均压环处放电点

5. 通道巡视

通道巡检则主要是依托固定翼无人机在线路上方沿线飞行，通过挂载的相机对线路通道录像或拍照，并分析影像资料，查找线路通道内建筑、树木及施工等隐患。如图 6-5 所示为无人机所拍摄的线路下方超高树木。

图 6-5　线路下方超高树木

二、巡检内容

（1）无人机巡检时根据线路运行情况、巡检要求，选择搭载可见光相机/摄像机、红外热像仪、紫外成像仪、三维激光扫描仪等设备对输电线路设备、设施等进行检查。

（2）无人机巡检对象主要包括线路本体、附属设施、通道及电力保护区三大部分，具体巡检对象、巡检内容以及巡检手段见表 6-1。表中所列巡检内容和巡检手段可单独选用，也可以根据需要组合选用。

表 6-1　输电线路无人机巡检对象、内容及手段

巡检对象		巡检内容	巡检手段
线路本体	地基与基面	回填土下沉或缺土、水淹、冻胀、堆积杂物等	可见光相机/摄像机
	杆塔基础	明显破损、酥松、裂纹、露筋等 基础移位、边坡保护不够等	
	杆塔	杆塔倾斜、塔材变形、严重锈蚀 塔材、螺栓、脚钉缺失，土埋塔脚 混凝土杆未封杆顶、破损、裂纹、爬梯变形等	
	接地装置	接地体断裂、严重锈蚀、螺栓松脱 接地体外露、缺失，连接部位有雷电烧痕等	
	绝缘子	伞裙破损、弹簧销缺损、绝缘子串严重倾斜钢帽裂纹、断裂，钢脚严重锈蚀或蚀损、有放电痕迹等	可见光相机/摄像机
		严重污秽	可见光相机/摄像机、紫外成像仪
		绝缘子温度异常	红外热像仪

续表

巡检对象		巡检内容	巡检手段
线路本体	导线、地线、引流线、OPGW	散股、断股、损伤、断线	可见光相机/摄像机、红外热像仪、紫外成像仪
		放电烧伤、严重锈蚀,悬挂飘浮物、覆冰舞动、风偏过大等	可见光相机/摄像机
		弧垂过大或过小,导线异物缠绕,导线对地及交叉跨越距离不足	可见光相机/摄像机、激光扫描仪
	线路金具	线夹断裂、裂纹、磨损、销钉脱落、严重锈蚀均压环、屏蔽环烧伤、螺栓松动防振锤跑位、脱落、严重锈蚀、阻尼线变形、烧伤间隔棒松脱、变形或离位、悬挂异物连板、联接环、调整板损伤、裂纹等	可见光相机/摄像机
		线夹、接续管、耐张管、引流板等异常发热	红外热像仪
		线夹、均压环、屏蔽环异常放电	紫外成像仪
附属设施	防雷装置	线路避雷器异常,计数器受损、引线松脱放电间隙变化、烧伤等	可见光相机/摄像机
	防鸟装置	固定式:破损、变形、螺栓松脱等活动式:动作失灵、褪色、破损等电子、光波、声响式:损坏	
	监测装置	缺失、损坏、断线、移位	
	航空警示器材	高塔警示灯、跨江线彩球等缺失、损坏、失灵	
	防舞防冰装置	缺失、损坏等	
	ADSS光缆	损坏、断裂、弛度变化	
	杆号、警告、防护、指示、相位等标志	缺失、损坏、字迹或颜色不清、严重锈蚀等	

巡检对象		巡检内容	巡检手段
通道及电力保护区	建(构)筑物	有违章建筑,导线与之安全距离不足等	可见光相机/摄像机、激光扫描仪
	树木(竹林)	有超高树木(竹),导线与之安全距离不足等	
	交叉跨越变化	出现新建或改建电力及通信线路、道路、铁路、索道、管道等	
	山火及火灾隐患	线路附近有烟火现象	可见光相机/摄像机、红外热像仪、紫外成像仪
		有易燃、易爆物堆积等	可见光相机/摄像机
	违章施工	线路下方或保护区有危及线路安全的施工作业等	可见光相机/摄像机
	防洪、排水、基础保护设施	大面积坍塌、淤堵、破损等	
	自然灾害	地震、山洪、泥石流、山体滑坡等引起通道环境变化	
	道路、桥梁	巡线道、桥梁损坏等	
	污染源	出现新的污染源或污染加重等	
	采动影响区	出现新的采动影响区、采动区出现裂缝、塌陷对线路影响等	
	其他	线路附近有人放风筝、有危及线路安全的飘浮物、采石(开矿)、射击打靶、藤蔓类植物攀附杆塔	

第三节　多旋翼无人机巡检作业标准化流程

一、作业前准备

1. 资料查阅

根据巡检任务,查阅巡检线路台账及卫星地图等资料,掌握以下要点信息:

(1)杆塔、导地线、绝缘子、金具等重点巡检设备的型号参数;

(2)巡检线路交叉跨越或邻近其他电力线路、交通道路、河流水域等情况;

(3)巡检线路附近人口密集区、禁飞区、信号基站等分布情况;

(4)沿线地形地貌、海拔变化等情况;

(5)巡检线路杆塔坐标及高度。

2. 现场勘查

根据巡检任务信息,勘查负责人到巡检线路现场进行勘查,了解现场的实际环境及巡检条件,填写勘查记录。现场勘查流程如下:

(1)核对巡检线路名称及杆塔号;

(2)确认巡检线路情况,包括塔型、塔高、架线情况等;

(3)观察巡检区段实际地形地貌及海拔变化,巡检线路是否交叉跨越或邻近其他线路,线路通道及附近是否有道路、建筑、树木、水域、基站、禁飞区及人口密集区等;

(4)初步选取合适的起降场地(可多选几处备用);

(5)对当地的气候环境做适当了解,包括降雨量、湿度、气温、最大风力等；

（6）认真填写勘查记录，并由勘查负责人签字确认并留档。

3. 航线规划

根据巡检任务信息，勘查负责人到巡检线路现场进行勘查，了解现场的实际环境及巡检条件，填写勘查记录。现场勘查流程如下：

（1）根据巡检任务、机型性能及现场环境，将巡检范围划分为多个区段，每个区段工作量需留有一定裕度；

（2）巡检作业过程中，无人机应与线路保持足够的安全距离；

（3）无人机在杆塔间往返时，应在线路外侧与线路方向平行飞行，跨越线路时应采用上跨方式；

（4）充分考虑地形及气象限制条件，适当调整航线；

（5）规划应急航线，即航线转移策略、安全返航路径和应急迫降点。

4. 应急预案

应急预案是指综合考虑无人机巡检系统性能及巡检任务规划，在巡检过程中发生各类紧急异常情况后的应对措施及事故紧急处理措施，主要原则为：

（1）保障巡检作业人员及附近相关人员的人身安全；

（2）保障巡检作业范围内空域安全；

（3）保障电力设施的设备安全，不影响供电稳定性；

（4）保障无人机巡检设备的安全。

5. 常见异常情况

（1）天气异常。作业区域天气突变时（如突发的大风、雨雪、冰雹、雷电等），应立即停止作业，及时控制无人机返航或在安全区域迫降。若因大风等因素导致无人机无法及时返航，作业人员可前去迎接无人机，缩短返航路径，确保安全降落。

（2）人员异常。作业人员出现身体及精神状态异常时，现场若有其他能执行巡检作业的工作人员，则由其接手，继续作业或返航；现场若没有其他能执行巡检作业的工作人员，则将无人机切入自动返航模式。

（3）设备异常。

①无法定位悬停。无人机定位信号不准或丢失，造成定位悬停漂移或无法定位等情况发生。视距内的，作业人员应尽快操控无人机返航降落；视距外的，作业人员应根据图传及指南针等信息，判断无人机朝向及位置，尽量控制无人机返航，若无法判断，则控制无人机在安全区域迫降。

②偏离预定航线。无人机自主飞行模式下，发生偏离预定航线的情况。作业人员应立即控制无人机停止执行航线，切出自主飞行模式，待无人机稳定悬停后，可根据实际情况选择继续执行航线或返航。

③飞行姿态失稳。无人机因飞控系统异常或部分硬件损坏，造成飞行姿态失稳的情况。若尚可控制，作业人员应立即控制无人机远离带电线路等干扰源，观察飞行姿态是否恢复正常。若恢复正常，可根据现场情况继续作业；若未恢复正常，应尽量控制无人机返航或在安全区域迫降。若无法控制则尽量使无人机在安全区域迫降。

④失去动力。无人机因动力系统或线路损坏导致失去动力，对于无人直升机应尽量使用自旋降落技术，使无人机在安全区域迫降。

⑤遥控或通讯中断。无人机遥控、通讯信号因遮挡、干扰及超距等因素中断。若遥控信号中断，无人机将自动返航，因此应在作业前设置好自动返航方式及高度，待遥控信号恢复，作业人员可重新取回控制权。若通讯信号中断，作业人员应先控制无人机升高或返航，避开遮挡或干扰源，缩短通讯距离，可有效恢复通讯质量。在遥控及通讯恢复后，作业人员可根据现场情况选择继续作业或返航。

⑥迫降。无人机因上述原因无法返航时，作业人员应使无人机迫降，以避免无人机失控或坠机造成更大危害。迫降时，作业人员应根据目视或图传显示，尽量使无人机避免与巡检线路碰撞，降落地点尽量远离周边军事区、人口密集区、重要建筑和设施及水域等。在搜寻到无人机后，应先切断无人机动力及电源，然后对无人机内设备进行检查，对损伤部件进行修复或更换。

⑦坠机。发生坠机事故后，应根据最后坐标或追踪仪，确定无人机坠落位置或范围，立即搜寻无人机。找到坠毁无人机后，应在保证安全的前提下切断其所有动力及电源，妥善处理次生灾害并立即上报，及时进行民事协调，做好舆情监控。巡检工作负责人应对现场情况进行拍照记录，确认损失情况，分析事故原因。

6. 编制工作票

根据巡检任务信息，编制无人机巡检作业工作票，填写要求如下：

(1)明确工作许可人、工作负责人、工作班成员，确保人员配置合适、充足；

(2)明确无人机巡检系统型号及组成，确保巡检设备配置合适、充足；

(3)明确巡检作业范围、作业任务、计划工作时间；

(4)编制巡检作业安全注意事项，确保完备并符合巡检实际条件。

7. 编制作业指导书

根据巡检任务信息、现场勘查情况、航线规划及空域申请情况编制无人机杆塔精细化巡检作业指导书，并组织作业人员认真学习，为现场巡检作业提供标准规范。作业指导书分以下几部分编写。

(1)确定巡检作业范围及分段,巡检目标及要求;

(2)配置合适的机组成员及巡检设备,明确人员分工职责;

(3)分析巡检作业危险点并制定安全措施;

(4)制定标准化巡检作业程序及技术措施。

8. 配置巡检设备

根据任务需求,巡检工作负责人选择合适、充足的无人机及其附属设备。按照库房管理制度,工作负责人向库房管理员提交领用设备申请,由库房管理员负责对出库设备的数量、规格、型号、备品备件等信息进行核查,并做好出库记录。

巡检工作负责人应对出库的无人机本体、机载任务载荷、地面站及通信设备、附属设备等进行核对及检查,确保无人机及任务载荷功能正常、地面站及通信设备连接良好、电池电量充足,以满足巡检作业要求。

二、现场巡检作业

现场巡检作业如图 6-6 所示。

1. 核查作业现场

(1)巡检作业人员到达作业现场需先对巡检线路杆塔的名称及杆塔号进行核实。

(2)核查巡检区段的地形地貌,线路通道及附近有无交叉跨越线路、道路、建筑、树木、水域、基站及人口密集区等。

(3)检查现场气象条件,包括天气、风速、气温及能见度等。作业人员应确认现场天气良好,如遇大风(风速不大于 5 级,即风速小于 10m/s)、雨、雪、雷电、雾霾等恶劣天气,禁止开展现场作业。在较大风速及低温环境下,无人机续航能力下降,应缩短巡航半径,以保证无人机作业安全。

图 6-6　架空输电线路无人机巡检作业

2. 现场交底

巡检作业前,工作负责人应根据标准化作业指导书内容进行现场交底,召集作业人员进行"四交一查",即交底巡检任务信息、人员分工职责、安全措施及技术措施,检查人员状况。

(1)交底巡检任务信息。工作负责人在交底时需根据作业指导书内容明确作业区段、作业时间、作业地点、巡检机型、巡检任务等。

(2)交底人员分工职责。工作负责人应合理选择作业人员,明确职责分工。通常小型旋翼机机组配置 2 名成员。

（3）交底危险点及安全措施。工作负责人监督作业人员实施现场安全措施。

（4）交底巡检技术措施。工作负责人根据作业指导书及现场实际情况，从航前检查、飞行巡检、航后撤收三个阶段，对作业人员交底具体技术规范。

（5）检查人员状况。全体工作班成员应精神状态良好，无妨碍作业的生理和心理障碍，作业前 8h 及作业过程中严禁饮用任何酒精类饮品。

在明确工作任务、人员职责分工、安全措施及技术措施后，工作班成员在工作票上履行签名确认手续，工作负责人方可宣布开始工作。

3. 布置作业现场

现场应使用工作围栏划分不同的功能区，功能区包括地面站操作区、无人机起降区、工器具摆放区等，各功能区应有明显区分。起降区周围应设安全围栏，禁止行人和其他无关人员逗留，特别是在起降过程中，需时刻注意保持与无关人员的安全距离。

首先选择合适的起降场地，应满足以下要求：

（1）小型旋翼机起降场地应为不小于 2m×2m 大小的平整地面，中型旋翼机起降场地应为不小于 5m×5m 大小的平整地面，大型旋翼机起降场地应为不小于 15m×15m 大小的平整地面；

（2）巡检全过程中，起降场地与无人机应保持通视，保证遥控、通讯质量良好；

（3）起降场地周围应无高大建筑、线路或树木等障碍物，或地下电缆等干扰源；

（4）尽量避免将起降场地设在巡检线路或无人机飞行路径下方、交通繁忙道路及人口密集区附近。若起降区地面尘土、砂砾、树枝等杂物较多，应铺设帆布，防止无人机起飞时杂物卷入旋翼面或机体内造成意外。选定起降区后，在其附近的合适位置架设地面站，架设地面站时，通讯天线应确保在巡检全过程中与无人机无遮挡,保持通讯质量良好。最后现场布置应保持整洁,有序,工器具放置整齐。

4. 航前检查

严格按照无人机操作规范及使用说明书要求组装无人机、地面站及通讯设备；组装时应确保无人机所有连接部件可靠,转动部件灵活；地面站及通讯设备接线正确、牢固；遥控器摇杆及开关位置正确,完成初始化设定。安装电池时应注意避免电池正负极短路或反接,确保电池可靠固定,插头接触良好、连接可靠。各部分准备就绪后,接通机载控制系统电源,开始系统自检。作业人员结合系统自检,进行航前检查。

5. 飞行巡检

(1)起飞。

①操控手再次确认设备全部正常,无人机周围无人员后启动动力系统(电机)。

②启动动力系统后,操控手应先小幅度拨动摇杆,确认无人机反馈正常,逐渐推高油门,控制无人机平稳起飞。(一般在 GPS 定位模式下起飞,卫星定位质量不好时应采用姿态模式,不建议采用自主模式)。

③无人机升至低空后,应确认定位悬停姿态稳定及地面站数据正常,注意观察无人机有无异响或不稳定等异常状况。

④根据现场环境,由操控手操控无人机保持平稳姿态、以合适路径飞至巡检位置；或由操控手操控无人机飞至合适净空,并由程控手切入自主飞行模式,按照预定航线执行巡检任务。

注:整个起飞过程应在确保安全、稳定的前提下,果断迅速操控无人机离地并垂直升至无障碍物的低空,避免地面气流、杂物及周围障碍物对无人机造成影响。

(2)巡检。巡检作业过程中,作业人员之间应保持良好沟通,确保作业安全:

①无人机巡检应在线路外侧进行,禁止无人机进入导线间、导地线间飞行;

②无人机悬停巡检时,应注意保持无人机与巡检目标的安全距离;在转角较大的线路内角侧巡检时,应适当增大安全距离,避免无人机受电磁干扰;需翻越杆塔时应确保无人机高于杆塔全高并保持安全距离、快速通过;

③无人机在杆塔间往返时,应使无人机先远离线路,再以平行于线路的方向飞行,飞行中控制好速度与姿态,避免无人机误碰线路;

④通过目视、图传、数传等多方面信息综合判断无人机状态,避免因距离及角度造成视觉误差;

⑤巡检过程中,作业人员应时刻关注无人机通讯质量及剩余续航时间(通过电池电压估算),为无人机安全返航留出裕度。

(3)返航降落。巡检任务结束后,作业人员操控无人机飞回起降场地上方并平稳降落;在无人机距地面较近时应注意克服地面效应。

6. 航后撤收

在无人机旋翼还未完全停转前,严禁任何人接近。待无人机旋翼完全停转后,作业人员应先关闭动力电源,再关闭遥控器及地面站电源,将电池放回电池防爆箱。

确认所有设备状态良好后,进行设备撤收,定置收装各设备及工器具。撤收完成后,应与设备清单核对,确保现场无遗漏设备。

三、作业后收尾

1. 设备入库

核对设备型号、数量,检查设备状态,做好入库记录,确保与出库记录闭环。

2．数据分析

巡检结束后，应及时将任务设备中的巡检数据导出，仔细分析图像，标注缺陷及隐患，确定缺陷内容和缺陷等级，规范命名，并填写无人机巡检缺陷单。

3．工作总结

每次巡检任务结束后，根据数据分析结果，编制《无人机巡检作业报告》，主要包括以下四点内容：

（1）巡检作业任务情况（作业范围、时间、内容等）；

（2）巡检作业设备情况（设备工作中及出入库时状态）；

（3）巡检结果分析情况（发现隐患、缺陷情况）；

（4）巡检作业总结（作业成效总结）。

4．资料归档

工作总结后，将相应的现场勘查记录、工作票、航线规划文件、空域审批文件、作业指导书、巡检作业记录单、巡检作业缺陷单、巡检作业报告及巡检影像资料等归档。

第四节　固定翼无人机巡检标准化流程

一、巡检前准备

1．人员准备

（1）巡检人员应熟悉无人机巡检作业方法和技术手段，通过国家电网公司或省公司级专业资格培训，考试合格后持证上岗。

（2）固定翼机组工作负责人1名，作业人员至少2名，其中：程控手1人,负责无人机飞行姿态保持,数传信息监测;操控手1人,负责任务载荷操作、现场环境和图传信息监测等工作。工作负责人负责工作票办理、航线规划、对外联系协调、现场监护等工作。

(3)巡检人员应确保身体健康,精神状态良好,作业前8h及作业过程中严禁饮用任何酒精类饮品。

(4)机组指定专人定期对无人机进行检查、清洁、润滑、维护,确保设备状态正常,并严格按照无人机正常周期进行零件维修更换和大修保养。

2. 现场勘查

(1)在制定线路年度、月度巡检计划前应进行现场勘查,确定作业内容和无人机起、降点位置,核实地理位置坐标,了解作业现场海拔高度、地形地貌、气象环境、植被分布、所需空域等。

(2)突发情况时的巡检作业,必要时进行现场勘查。

3. 航线规划

(1)巡检人员详细收集线路坐标、杆塔高度、塔形、通道长度等技术参数,结合现场勘查所采集的资料,针对巡检内容合理制定飞行计划,确定巡检区域、起降位置及方式。

(2)巡检前下载、更新巡检区域地图,并对飞行作业中需规避的区域进行标注。

(3)无人机在杆塔、导线正上方以盘旋、直飞的方式开展巡检作业。无人机航线距离线路包络线的垂直距离应不少于100m。巡航速度应在60~120km/h范围内,不得急速升降。

(4)无人机起、降点应与输电线路和其他设施、设备保持足够的安全距离,应进场条件较好,场地平坦坚硬、视野开阔、风向有利。

(5)起飞时,无人机应盘旋至足够高度后方可飞往被巡检线路上空。

(6)对于转角角度较小的线路,航线规划时应沿线路方向飞行巡检;线路转角角度较大、地形陡峭或相邻铁塔高程相差较大时,应根据无人机飞行速度、转弯半径等技术参数正确规划巡检航线,宜由低入高逐渐爬升或盘旋爬升方式飞行;对于起伏较大的线路可规划采取多次盘旋的方式开展巡检。

(7)为保证巡检作业在视场范围内尽可能覆盖线路通道,无人机实际飞行宜内切预设航线,即无人机到达拐点前预先转弯,以免过度偏离预设航线。

(8)降落时,宜采用多次转向的方式确保无人机下降时飞行方向正对降落区域。

(9)程控手在巡检作业前1个工作日完成航线规划,编辑生成飞行航线和安全策略,并交工作负责人检查无误。

4. 作业申请

(1)巡检作业前3个工作日,工作许可人应向线路途径区域的空管部门履行航线报批手续。

(2)巡检作业前3个工作日,工作许可人应向调度、安监部门履行报备手续。

(3)巡检作业前1个工作日,工作负责人应提前了解作业现场当天的天气情况,决定是否能进行飞行巡检作业,并通过工作许可人再次向当地空管部门申请放飞许可。

(4)工作许可人应向空管部门报批年度、月度巡检计划;发生线路故障、自然灾害后,需进行紧急巡检时,应办理临时作业申请。

5. 巡检设备准备

(1)作业所用无人机巡检系统应通过本单位入网检测,各设备、系统运行良好。

(2)巡检人员在作业前1个工作日准备好现场作业工器具以及备品备件等物资,完成无人机巡检系统检查,确保各部件工作正常。

（3）出发前,巡检人员应仔细核对无人机各零部件、工器具及保障设备携带齐全,填写出库单后方可前往作业现场。

二、巡检作业

1. 现场作业前准备

（1）作业前,核实所巡检线路名称和杆塔号无误,并再次确认现场天气、地形和无人机状态适合开展巡检作业。现场环境、天气恶化或发生其他威胁到无人机飞行安全的情况时,工作负责人可停止本次巡检作业;若无人机已经放飞,应立即采取措施,控制无人机返航、就近降落或采取其他安全策略保证无人机安全。

（2）作业前,巡检人员应逐项开展飞行控制系统、任务载荷、能源动力系统、通信系统等设备、系统自检,确保无人机处于适航状态。并填写巡检前检查工作单,工作负责人签字后方可开始作业。

2. 起飞

（1）采用弹射起飞前,弹射架应置于水平地面上并做好防滑措施。程控手负责操作弹射架,解锁防误触发装置,触发弹射器前应知会全体人员。弹射完成后应立即离开起飞点,密切关注无人机飞行姿态,协助观察图传信息并做好紧急情况下手动接管无人机准备。程控手应监控并及时通报无人机状态。

（2）起飞时,若无人机姿态不稳或无法自主进入航线,程控手或操控手应马上进行修正,待其安全进入航线且飞行正常后方可切入自主飞行模式,并密切观察无人机飞行状况。

3. 巡检飞行

（1）原则上巡检作业全程采用无人机自主飞行模式。必要时进行人工干预,保障无人机顺利完成飞行作业。

（2）工作负责人时刻观察现场环境和无人机作业情况,合理做出决策。程控手应始终注意监控地面站,观察无人机发动机或电机转速、电池电压、航向、飞行姿态等遥测参数。操控手注意观察无人机实际飞行状态,必要时进行人工干预,并协助观察图传信息、记录观测数据。

4. 返航降落

(1)巡检人员提前做好降落场地清障工作,确保其满足安全降落条件。

(2)采用伞降方式时,根据无人机状态设定适宜的开伞时间并确保附近无安全隐患;采用撞网降落方式时,不得由人工撑网。

(3)降落期间,程控手应时刻监控回传数据,及时通报无人机飞行高度、速度和电压等技术参数;操控手应密切关注无人机飞行姿态,随时准备人工干预,发现问题应第一时间通知工作负责人和程控手,必要时切换手动降落。

(4)如需再次开展巡检作业,应及时为无人机加油、更换电池,并做好起飞前检查工作。

5. 设备回收

(1)油门熄火,设备断电,检查各部件状态,对无人机巡检系统进行清洁、紧固,确认无人机巡检系统完好。如有损坏,应及时维修。

(2)无人机、地面站设备拆卸装箱、装车。电动无人机应将动力电池拆卸,贮存于专用电池箱中;油动无人机宜将油箱内剩余油量抽出,并单独存放。

(3)核对设备和工具清单,确认现场无遗漏。入库前应再次检查核对。

三、资料整理归档

(1)设备回收后,应填写完成《架空输电线路固定翼无人机巡检记录单》,应设置专(兼)职巡检数据处理员对巡检数据进行分析、整理。

(2)巡检人员应将新发现的风筝、鸟群易发区、空中限制区、人员活动密集区、建筑和设施、无线电干扰区、通讯阻隔区、不利气象多发区、森林防火区和无人区等信息进行记录更新。

(3)巡检数据需经至少两名数据处理员汇总、整理,初步筛选后经工作负责人签字确认,及时移交线路运维单位。

(4)如有疑似但无法判定的缺陷,运维单位应及时组织人工核实。

(5)巡检数据应保留 2 年并做好保密措施。

四、异常情况处置

(1)当无人机出现姿态不稳、航迹偏移大、链路不畅等故障时应及时修正舵向,调节速度、高度,恢复通讯链路,若长时间无法恢复正常,应视无人机状态由工作负责人决定是否终止巡检作业。

(2)当无人机飞行轨迹偏离预设航线且无法恢复时,程控手应立即采取措施控制无人机返航降落,操控手应配合程控手完成降落。待查明原因,排除故障并确认安全后,方可重新放飞执行巡检作业,否则应中止本次巡检作业。

(3)紧急情况时,程控手汇报后,由操控手决定是否手动接管无人机。

(4)无人机在空中飞行时出现失去动力等机械故障时,应尽可能控制其在安全区域紧急降落。降落地点尽量远离周边军事禁区、军事管理区、人员活动密集区、重要建筑和设施、森林防火区等。

(5)无人机飞行时,若通讯链路长时间中断,且在预计时间内仍未返航,应及时上报并根据掌握的无人机最后地理坐标位置或机载追踪器发送的报文等信息组织寻找。

（6）发生事故后，应在保证安全的前提下切断无人机所有电源。应妥善处理次生灾害并立即上报，及时进行民事协调，做好舆情监控。工作负责人应对现场情况进行拍照记录，确认损失情况，初步分析事故原因，撰写事故总结并上报公司有关部门。

（7）作业现场引发起火后，巡检人员应马上采取措施灭火，火势无法控制时，应优先保障人员安全，迅速撤离现场并及时上报。

第五节　无人机巡检作业路径图及典型杆塔巡检要点示意图

本节对开展输电线路无人机巡检作业时的常规路线图做出了详细的介绍，对无人机巡检作业路径图进行了展示。并对日常工作中常见到的典型杆塔进行了巡检要点示意图介绍。如图 6-7 所示为无人机巡检作业路径图。

图 6-7　无人机巡检作业路径图

一、无人机巡检作业路径图

1. 操作步骤

(1)选择合适起降点(3m×3m 平地),操控无人机起飞,操控人员与无人机保持 5m 以上安全距离。

(2)无人机起飞后悬停 30s,检查无人机系统工作状态。

(3)确认系统工作正常后,操控无人机升高至最下层导线水平位置。

(4)操控无人机飞向拍摄点,无人机与拍摄点保持 5m 安全距离。

(5)调整相机参数,操控无人机依次完成左侧拍摄点拍摄任务。

(6)操控无人机升高至高出铁塔 10m,翻越铁塔,翻越过程中调整镜头角度通过图传判断无人机位置。

(7)降低高度,按照同样要求依次完成右侧拍摄点拍摄任务。

(8)操控无人机后退约 5m,升高高度至高出铁塔 10m,翻越铁塔,操控无人机降落至起降点。

(9)巡检任务结束后,对各拍摄点择优选择 1 张照片存档。

2. 注意事项

(1)起降点应与树木、建筑物、通信基站等保持足够的安全距离,且地面应平整、无浮土。

(2)起飞前应根据现场情况检查、调整无人机自动返航高度,自动返航高度至少高出杆塔 10m。

(3)为保证拍摄质量,各拍摄点至少拍摄 3 张照片,巡检任务结束后对各拍摄点择优选择 1 张照片存档。

(4)完成所有拍摄点拍摄任务后,禁止采用从线下穿越返回起降点的方式返航。

二、典型杆塔巡检要点示意图

1.220kV 双回直线杆塔

如图 6-8 所示为 220kV 双回直线杆塔。

(1)操作步骤。

①选择合适起降点(3m×3m 平地),操控无人机起飞。

②飞行至右线下相导线挂点水平位置,无人机与导线挂点保持 5m 安全距离,对导线端挂点金具(1 号点)拍摄 3 张照片。上升高度,对绝缘子串(2 号点)拍摄 3 张照片。继续上升高度对横担端挂点金具(3 号点)拍摄 3 张照片。

图 6-8　220kV 双回直线杆塔

③按照同样要求依次完成中相、上相、左地线拍摄任务。

④操控无人机升高至高出铁塔 10m,翻越铁塔,翻越过程中调整镜头角度通过图传判断无人机位置。

⑤降低高度,按照同样要求依次完成左地线及左线上相、中相、下相拍摄任务。

⑥操控无人机后退约 5m,升高高度至高出铁塔 10m,翻越铁塔,操控无人机降落至起降点。

⑦巡检任务结束后,共形成 60 张照片,择优选择 20 张照片存档。

(2)注意事项。作业过程中注意保持安全距离,禁止无人机处于导、地线垂直下方。

2. 220kV 单回直线杆塔(猫头塔)

如图 6-9 所示为 220kV 单回直线杆塔(猫头塔)。

(1)操作步骤。

①选择合适起降点(3m×3m 平地),操控无人机起飞。

②飞行至左相导线挂点水平位置,无人机与导线挂点保持 5m 安全距离,对导线端挂点金具(1 号位置)拍摄 3 张照片;上升高度,对绝缘子串(2 号点)拍摄 3 张照片。继续上升高度对横担端挂点金具(3 号点)拍摄 3 张照片。

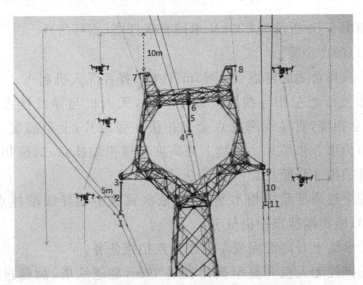

图 6-9　220kV 单回直线杆塔(猫头塔)

③上述高度至中相水平位置,依次完成中相导线端挂点(4 号点)、绝缘子串(5 号点)、横担端挂点(6 号点)拍摄任务。

④继续上升高度完成左地线挂点拍摄任务。

⑤操控无人机升高至高出铁塔 10m,翻越铁塔,翻越过程中调整镜头角度通过图传判断无人机位置。

⑥降低高度,按照同样要求依次完成右地线、右相拍摄任务。

⑦操控无人机后退约 5m,升高高度至高出铁塔 10m,翻越铁塔,操控无人机降落至起降点。

⑧巡检任务结束后,共形成 33 张照片,择优选择 11 张照片存档。

(2)注意事项。

①对中相进行拍摄时注意保持无人机与地线及铁塔的安全距离,不可采取穿越地线或由两地线之间降低高度至低于地线的方式对中相进行拍摄。

②作业过程中注意保持安全距离、禁止无人机处于导、地线垂直下方。

3.220kV 单回直线杆塔(酒杯塔)

如图 6-10 所示为 220kV 单回直线杆塔(酒杯塔)。

(1)操作步骤。

①选择合适起降点(3m×3m 平地),操控无人机起飞。

②飞行至左相导线挂点水平位置,无人机与导线挂点保持 5m 安全距离,对导线端挂点金具拍摄 3 张照片;上升高度,对绝缘子串拍摄 3 张照片。继续上升高度至横担端挂点,对横担端挂点金具拍摄 3 张照片。

③上述高度至中相水平位置,依次完成中相导线端挂点、绝缘子串、横担端挂点拍摄任务。

④继续上升高度完成左地线挂点拍摄任务。

⑤操控无人机升高至高出铁塔 10m,翻越铁塔,翻越过程中调整镜头角度通过图传判断无人机位置。

⑥降低高度,按照同样要求依次完成右地线、右相拍摄任务。

⑦操控无人机后退约 5m,升高高度至高出铁塔 10m,翻越铁塔,操控无人机降落至起降点。

图 6-10　220kV 单回直线杆塔(酒杯塔)

⑧巡检任务结束后,共形成 33 张照片,择优选择 11 张照片存档。

(2)注意事项。

①对中相进行拍摄时注意保持无人机与地线及铁塔的安全距离,不可采取穿越地线或由两地线之间降低高度至低于地线的方式对中相进行拍摄。

②作业过程中注意保持安全距离、禁止无人机处于导、地线垂直下方。

4. 220kV 单回耐张杆塔

如图 6-11 所示为 220kV 单回耐张杆塔。

(1)操作步骤。

①选择合适起降点(3m×3m 平地),操控无人机起飞。

②飞行至左相导线挂点水平位置,无人机与目标点保持 5m 安全距离,对导线挂点金具(1 号点)拍摄 3 张照片。水平移动无人机,对绝缘子串(2 号点)拍摄 3 张照片。继续水平移动对横担端挂点金具(3 号位置)拍摄 3 张照片。依次完成 4、5、6 号点拍摄任务。

图 6-11　220kV 单回耐张杆塔

③操控无人机升高,按照同样要求依次完成中跳线串(7、8、9号点)、左地线(10 号点)拍摄任务。

④操控无人机升高至高出铁塔 10m,翻越铁塔,翻越过程中调整镜头角度通过图传判断无人机位置。

⑤降低高度,按照同样要求完成右地线、中相、下相拍摄任务。

⑥操控无人机后退约 5m,升高高度至高出铁塔 10m,翻越铁塔,操控无人机降落至起降点。

⑦巡检任务结束后,共形成 69 张照片,择优选择 23 张照片存档。

(2)注意事项。作业过程中注意保持安全距离、禁止无人机处于导、地线垂直下方。

5. 220kV 双回耐张杆塔

如图 6-12 所示为 220kV 双回耐张杆塔。

(1)操作步骤。

①选择合适起降点(3m×3m 平地),操控无人机起飞。

②飞行至左线下相导线挂点水平位置,无人机与目标点保持

5m 安全距离,对导线挂点金具(1 号点)拍摄 3 张照片。水平移动无人机,对绝缘子串(2 号点)拍摄 3 张照片。继续水平移动对横担端挂点金具(3 号位置)拍摄 3 张照片。依次完成 4、5、6 号点拍摄任务。

③操控无人机升高,按照同样要求依次完成左线中相、上相及左地线拍摄任务。

④操控无人机升高至高出铁塔 10m,翻越铁塔,翻越过程中调整镜头角度通过图传判断无人机位置。

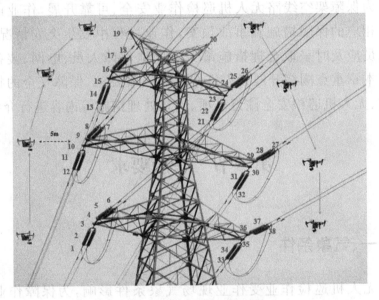

图 6-12　220kV 双回耐张杆塔

⑤降低高度,按照同样要求完成右地线及右线上相、中相、下相拍摄任务。

⑥操控无人机后退约 5m,升高高度至高出铁塔 10m,翻越铁塔,操控无人机降落至起降点。

⑦巡检任务结束后,共形成 114 张照片,择优选择 38 张照片存档。

(2)注意事项

作业过程中注意保持安全距离、禁止无人机处于导、地线垂直下方。

第七章 无人机巡检安全注意事项及应急处理措施

为保障架空线路无人机巡检作业安全、可靠开展,作业前需制度相应的保障措施和事故预案,作业过程中发生突发情况,作业人员应及时采取合理措施最大限度地保障人员、电网、装备安全。本章重点围绕开展无人机作业的一般要求、保障安全的技术措施、无人机巡检安全注意事项、应急处理措施等内容进行介绍。

第一节 一般要求

一、气象条件

无人机巡检作业受作业现场气象条件影响,为保障作业安全,无人机巡检作业应在良好气象条件下进行,遇有雷、雨、大风(5级以上)、雾等恶劣天气时禁止开始巡检作业。

二、作业人员

1. 作业人员的基本条件

(1)经医师鉴定,无妨碍工作的病症(体格检查每2年至少1次)。

(2)具备必要的电气、机械、气象、航线规划等巡检飞行知识和相关业务技能,熟悉无人机巡检作业安全工作规程,并经考试合格。

（3）具备必要的安全生产知识，学会紧急救护法。

（4）具备无人机巡检作业资质，取得中国航空器拥有者及驾驶员协会（AOPA）颁发的民用无人机驾驶员合格证。

2. 人员配置

开展无人机巡检作业应根据作业类型及使用的机型合理配置作业人员。

使用中型无人直升机巡检系统进行的架空输电线路巡检作业，作业人员包括工作负责人（1 名）和工作班成员。工作班成员至少包括程控手、操控手和任务手。各岗位人员职责及资质要求见表 7-1。

表 7-1　无人机巡检作业各岗位人员职责及资质要求

岗位名称	职责	资质要求
程控手	利用地面控制站以增稳或全自主模式控制无人机巡检系统飞行	1. 小型无人直升机巡检系统程控手应具有 10 次及以上的小型无人直升机巡检工作经验，且本机型巡检工作经验不少于 6 次 2. 中大型无人直升机巡检系统程控手应具有 20 次及以上的中大型无人直升机巡检工作经验，且本机型巡检工作经验不应少于 10 次 3. 固定翼无人机巡检系统程控手应具有 10 次及以上的固定翼或中大型无人直升机巡检工作经验，且本机型巡检工作经验不应少于 5 次
操控手	利用遥控器以手动或增稳模式控制无人机巡检系统飞行	1. 小型无人直升机巡检系统操控手应累计具有 20 小时及以上的小型无人直升机实际飞行小时数，且本机型实际飞行小时数不应少于 10 小时 2. 中大型无人直升机巡检系统操控手应累计具有 30 小时及以上的中大型无人直升机实际飞行小时数，且本机型实际飞行小时数不应少于 15 小时 3. 固定翼无人机巡检系统操控手应累计具有 20 小时及以上的固定翼无人机实际飞行小时数，且本机型实际飞行小时数不少于 15 小时

续表

岗位名称	职责	资质要求
任务手	操控任务荷载分系统对输电线路本体、附属设施、通道等进行拍照或摄像	1. 小型无人直升机巡检系统任务手应具有 5 次及以上的小型无人直升机巡检工作经验,且本机型巡检工作经验不应少于 3 次 2. 中大型无人直升机巡检系统任务手应具有 10 次及以上的中大型无人直升机巡检工作经验,且本机型巡检工作经验不应少于 5 次

使用小型无人直升机巡检系统进行的架空输电线路巡检作业,作业人员包括工作负责人(一名)和工作班成员,分别担任程控手和操控手,工作负责人可兼任程控手或操控手,但不得同时兼任。必要时,也可增设一名专职工作负责人,此时工作班成员至少包括程控手和操控手。

使用固定翼无人机巡检系统进行的架空输电线路巡检作业,作业人员包括工作负责人(一名)和工作班成员。工作班成员至少包括程控手和操控手。

第二节　保障安全的技术措施

一、航线规划

航线规划是对无人机飞行的线路、返航线路和返航点等信息进行设计的过程,一般分为两步。

(1)飞前规划。根据工作任务,结合环境特点及空域约束条件,从整体上制定最优参考路径。

(2)重规划。根据飞行过程中遇到的突发状况(气象条件,限飞、禁飞约束等)局部动态调整飞行路径。

航线规划基本原则：

（1）无人机巡检作业应严格按照批复后的空域进行航线规划；

（2）应根据巡检作业要求和所用无人机巡检系统技术性能进行航线规划；

（3）航线规划应避开空中管制区、重要建筑和设施，尽量避开人员活动密集区、通讯阻隔区、无线电干扰区、大风或切变风多发区和森林防火区等地区。对首次进行无人机巡检作业的线段，航线规划时应留有充足裕量，与以上区域保持足够的安全距离

（4）航线规划时，无人机巡检系统飞行航时应留有裕度。对已经飞行过的巡检作业航线，每架次任务的飞行航时应不超过无人机巡检系统作业航时，并留有一定裕量。对首次实际飞行的巡检作业航线，每架次任务的飞行航时应充分考虑无人机巡检系统作业航时，留有充足裕量。

（5）除必要的跨越外，无人机巡检系统不得在公路、铁路两侧路基外各100m之间飞行、距油气管线边缘距离不得小于100m。

（6）除必要外，航线不得跨越高速铁路，尽量避免跨越高速公路。

（7）选定的无人机巡检系统起飞和降落区应远离公路、铁路、重要建筑和设施，尽量避开周边军事禁区、军事管理区、森林防火区和人员活动密集区等，且满足对应机型的技术指标要求。

（8）不得在无人机巡检系统飞行过程中更改巡检航线。

二、航前检查

巡检作业前，作业人员应对无人机各分系统及现场作业条件进行检查，内容包括：

（1）确认当地气象条件是否满足所用无人机巡检系统起飞、飞行和降落的技术指标要求；掌握航线所经地区气象条件，判断是否对无人机巡检系统的安全飞行构成威胁。若不满足要求或存在较大安全风险，工作负责人可根据情况间断工作、临时中断

工作或终结本次工作。

（2）检查起飞和降落点周围环境，确认满足所用无人机巡检系统的技术指标要求。

（3）每次放飞前，应对无人机巡检系统的动力系统、导航定位系统、飞控系统、通讯链路、任务系统等进行检查。当发现任一系统出现不适航状态，应认真排查原因、修复，在确保安全可靠后方可放飞。

（4）每次放飞前，应进行无人机巡检系统的自检。若自检结果中有告警或故障信息，应认真排查原因、修复，在确保安全可靠后方可放飞。

三、航巡监控

无人机巡检作业过程中作业人员应对如下内容进行实时监控：

（1）无人机巡检系统的飞行高度、速度等应满足该机型技术指标要求，且满足巡检质量要求。

（2）无人机巡检系统放飞后，宜在起飞点附近进行悬停或盘旋飞行，作业人员确认系统工作正常后方可继续执行巡检任务。否则，应及时降落，排查原因、修复，在确保安全可靠后方可再次放飞。

（3）程控手应始终注意观察无人机巡检系统发动机或电机转速、电池电压、航向、飞行姿态等遥测参数，判断系统工作是否正常。如有异常，应及时判断原因，采取应对措施。

（4）操控手应始终注意观察无人机巡检系统飞行姿态，发动机或电机运转声音等信息，判断系统工作是否正常。如有异常，应及时判断原因，采取应对措施。

（5）采用自主飞行模式时，操控手应始终掌控遥控手柄，且处于备用状态，注意按程控手指令进行操作，操作完毕后向程控手汇报操作结果。在目视可及范围内，操控手应密切观察无人机巡检系统飞行姿态及周围环境变化，突发情况下，操控手可通过遥控手柄立即接管控制无人机巡检系统的飞行，并向程控手汇报。

（6）采用增稳或手动飞行模式时，程控手应及时向操控手通报无人机巡检系统发动机或电机转速、电池电压、航迹、飞行姿态、速度及高度等遥测信息。当无人直升机巡检系统飞行中出现链路中断故障，巡检系统可原地悬停等候 1～5min，待链路恢复正常后继续执行巡检任务。若链路仍未恢复正常，可采取沿原飞行轨迹返航或升高至安全高度后返航的安全策略。

（7）无人机巡检系统飞行时，程控手应密切观察无人机巡检系统飞行航迹是否符合预设航线。当飞行航迹偏离预设航线时，应立即采取措施控制无人机巡检系统按预设航线飞行，并再次确认无人机巡检系统飞行状态正常可控。否则，应立即采取措施控制无人机巡检系统返航或就近降落，待查明原因，排除故障并确认安全可靠后，方可重新放飞执行巡检作业。

四、航后检查

巡检作业结束后作业人员应及时对无人机系统进行检查。

（1）按所用无人机巡检系统要求进行检查和维护工作，对外观及关键零部件进行检查。

（2）清理现场，核对设备和工器具清单，确认现场无遗漏。

（3）对于油动力无人机巡检系统，应将油箱内剩余油品抽出，对于电动力无人机巡检系统，应将电池取出。取出的油品和电池应按要求保管。

第三节　无人机巡检安全注意事项

一、一般注意事项

（1）使用的无人机巡检系统应通过试验检测。作业时，应严格遵守相关技术规程要求，严格按照所用机型要求进行操作。

（2）现场应携带所用无人机巡检系统飞行履历表、操作手册、简单故障排查和维修手册。

（3）工作地点、起降点及起降航线上应避免无关人员干扰，必要时可设置安全警示区。

（4）现场禁止使用可能对无人机巡检系统通讯链路造成干扰的电子设备。

（5）带至现场的油料应单独存放，并派专人看守。作业现场严禁吸烟和出现明火，并做好灭火等安全防护措施。

（6）加油及放油应在无人机巡检系统下电、发动机熄火、旋翼或螺旋桨停止旋转以后进行，操作人员应使用防静电手套，作业点附近应准备灭火器。

（7）加油时，如出现油料溢出或泼洒，应擦拭干净并检查无人机巡检系统表面及附近地面确无油料时，方可进行系统上电以及发动机点火等操作。

（8）雷电天气不得进行加油和放油操作。在雨、雪、风沙天气条件时，应采取必要的遮蔽措施后才能进行加油和放油操作。

（9）起飞和降落时，现场所有人员应与无人机巡检系统始终保持足够的安全距离，作业人员不得位于起飞和降落航线下。

（10）巡检作业现场所有人员均应正确佩戴安全帽和穿戴个人防护用品，正确使用安全工器具和劳动防护用品。

（11）现场作业人员均应穿戴长袖棉质服装。

（12）工作前8h及工作过程中不应饮用任何酒精类饮品。

（13）工作时，工作班成员禁止使用手机。除必要的对外联系外，工作负责人不得使用手机。

（14）现场不得进行与作业无关的活动。

二、中型无人直升机巡检作业安全注意事项

（1）操控手应在巡检作业前一个工作日完成所用中型无人直升机巡检系统的检查，确认状态正常，准好现场作业工器具以及

备品备件等物资,并向工作负责人汇报检查和准备结果。

(2)程控手应在巡检作业前一个工作日完成航线规划工作,编辑生成飞行航线、各巡检作业点作业方案和安全策略,并交工作负责人检查无误。

(3)应在通信链路畅通范围内进行巡检作业。

(4)宜采用自主起飞,增稳降落模式。

(5)起飞和降落点宜相同。

(6)巡检航线应位于被巡线路的侧方,且宜在对线路的一侧设备全部巡检完后再巡另一侧。

(7)沿巡检航线飞行宜采用自主飞行模式。即使在目视可及范围内,也不宜采用增稳飞行模式。

(8)不得在重要建筑和设施的上空穿越飞行。

(9)沿巡检航线飞行过程中,在确保安全时,可根据巡检作业需要临时悬停或解除预设的程控悬停。

(10)无人直升机巡检系统悬停时应顶风悬停,且不应在设备、建筑、设施、公路和铁路等的上方悬停。

(11)无人直升机巡检系统到达巡检作业点后,程控手应及时通报任务手,由任务手操控任务设备进行拍照、摄像等作业,任务手完成作业后应及时向程控手汇报。任务手与程控手之间应保持信息畅通。

(12)若无人直升机巡检系统在巡检作业点处的位置、姿态以及悬停时间等需要调整以满足拍照和摄像作业的要求,任务手应及时告知程控手具体要求,由程控手根据现场情况和无人直升机状态决定是否实施。实施操作应由程控手通过地面站进行。

(13)巡检作业时,无人直升机巡检系统距线路设备距离不宜小于 30m、水平距离不宜小于 25m,距周边障碍物距离不宜小于 50m。

(14)巡检飞行速度不宜大于 15m/s。

三、小型无人直升机巡检作业安全注意事项

（1）操控手应在巡检作业前一个工作日完成所用无人直升机巡检系统的检查，确认状态正常，准备好现场作业工器具以及备品备件等物资。

（2）应在通信链路畅通范围内进行巡检作业。在飞至巡检作业点的过程中，通常应在目视可及范围内。在巡检作业点进行拍照、摄像等作业时，应保持目视可及。

（3）可采用自主或增稳飞行模式控制无人直升机巡检系统飞至巡检作业点，然后以增稳飞行模式进行拍照、摄像等作业。不应采用手动飞行模式。

（4）无人直升机巡检系统到达巡检作业点后，宜由程控手进行拍照、摄像等作业。

（5）程控手与操控手之间应保持信息畅通。若需要对无人直升机巡检系统的位置、姿态等进行调整，程控手应及时告知操控手具体要求，由操控手根据现场情况和无人直升机状态决定是否实施。实施操作应由操控手通过遥控器进行。

（6）无人直升机巡检系统不应长时间在设备上方悬停，不应在重要建筑及设施、公路和铁路等的上方悬停。

（7）巡检作业时，无人直升机巡检系统距线路设备距离不宜小于 5m，距周边障碍物距离不宜小于 10m。

（8）巡检飞行速度不宜大于 10m/s。

四、固定翼无人机巡检作业安全注意事项

（1）操控手应在巡检作业前一个工作日完成所用固定翼无人机巡检系统的检查，确认状态正常，准备好现场作业工器具以及备品备件等物资，并向工作负责人汇报检查和准备结果。

（2）程控手应在巡检作业前一个工作日完成航线规划工作，

编辑生成飞行航线、各巡检作业点作业方案和安全策略,并交工作负责人检查无误。

(3)巡检航线任一点应高出巡检线路100m以上。

(4)起飞和降落宜在同一场地。

(5)使用弹射起飞方式时,应防止橡皮筋断裂伤人。弹射架应固定牢靠,且有防误触发装置。

(6)巡检飞行速度不宜大于30m/s。

第四节　应急处理措施

应急处理措施是指无人机在飞行过程中发生因天气、操作、设备等原因引起的无人机失联或失控等危险情况时,作业人员采取的处理措施。应急处理的基本原则是最大限度地确保人身、电网、装备安全。当无人机直升机发生故障或遇到紧急的意外情况时,需尽快操作无人机迅速避开高压输电线路、村镇和人群,确保人民群众生命和电网的安全。尽可能控制无人机巡检系统在安全区域紧急降落。如无法控制无人机在安全区域紧急降落,坠机已无法避免,应在无人机冲向人群或触地前关闭发动机并锁桨,避免可能造成的二次伤害。

一、天气异常

巡检作业区域出现雷雨、大风等可能影响作业的突变天气时,应及时评估巡检作业安全性,在确保安全后方可继续执行巡检作业,否则应采取措施控制无人机巡检系统避让、返航或就近降落。

二、通讯异常

无人机巡检系统飞行时,若通讯链路长时间中断,且在预计时间内仍未返航,应根据掌握的无人机巡检系统最后地理坐标位置或机载追踪器发送的报文等信息及时寻找。

无人机巡检系统飞行时,若图传出现卡顿等现象,应立即中止作业,不可盲目操作,在确保安全的情况下控制无人机至安全区域悬停,检查图传系统工作状况,确认系统工作正常后方可继续作业。

三、机械故障

无人机因意外或失控撞向输电杆塔或导地线造成无人机机械故障时,尽可能控制无人机巡检系统在安全区域紧急降落,经检查、修复后及时评估系统可靠性,在确保安全、可靠的情况下方可继续作业,多旋翼无人机常见故障及处理方法见表 7-2。

表 7-2　多旋翼无人机常见故障及处理方法

序号	故障部位	故障现象	处理方法
1	螺旋桨	无法安装或安装不正确	参照安装说明重新安装
2	云台相机	无法开机	检查通信是否正常、电量是否充足
3	指南针	指南针异常	重新校准指南针
4	定位模块	无法定位	检查周围是否存在干扰源
5	地面站	无图像信号	检查发射机接收机是否工作正常 检查图传通道是否受到干扰
		无数传信息	检查无人机与遥控器是否正确配对 检查数据链路是否正常

四、人员异常

无人机巡检系统飞行过程中,若作业成员身体出现不适或受其他干扰影响作业,应迅速采取措施保证无人机巡检系统安全,情况紧急时,可立即控制无人机巡检系统返航或就近降落。

五、坠机处理

坠机后应首先在保证安全的情况下及时切断电源，同时采取有效措施防止火灾等次生灾害发生并立即上报，及时进行民事协调做好舆情监控。工作负责人及时对现场进行拍照，确认损失情况，并对事故原因进行初步分析，如图7-1所示。

坠机引发起火后，作业人员应及时采取措施灭火，火势无法控制的，应优先保障人员安全，迅速撤离现场并立即上报。

图7-1　无人机坠机现场

第八章　无人机系统维护保养

　　无人机巡检系统维护保养包含无人机系统的保管、检查、大修、维修，以及部件的替换。维护保养的好坏直接关系到系统能否长期保持良好的工作精度和性能。按照无人机组成部分可将维护保养分为无人机、控制站、通讯链路、其他设备（如遥控器）等的维护保养。

第一节　无人机维护保养概述

一、维护保养的一般原则

　　不同类型无人机维护保养要求不同，经验表明，无人机每飞行 20h 或者更少就需要进行预防性维护，至少 50h 进行一次较小的维护，同时维护保养受运行类型、气候条件、保管设施、机龄和无人机结构的影响。任何人在对无人航空器进行维护保养时，都应遵守如下原则。

　　（1）使用无人航空器制造厂的现行有效的维修手册或持续适航文件中的方法、技术要求或实施准则；

　　（2）为保证维修保养工作，需按照相关原则使用必需的工具和设备（包括测试设备）。如果涉及制造厂推荐的专用设备，工作中应当使用这些设备；

　　（3）使用能保证无人航空器或者航空器部件达到至少保持其

初始状态或者适当的改装状态的合格航材(包括气动特性、结构强度、抗振及抗损性和其他影响适航的因素)。

二、维护保养的分类及内容

按照维护保养等级可分为日常维护、一级技术保养、二级技术保养。

1. 日常维护保养

以紧固、润滑为主。每个起落至少进行一次维护,由操作人员进行。主要包括以下内容。

(1)紧固件检查,已经松动的需重点处理;

(2)对无人机旋翼,尾桨安装松紧度进行检查加固;

(3)对起落装置重新进行平稳性校准;

(4)清洁机身和移表;

(5)各行程限位开关加固,确保灵敏可靠;

(6)地面站清洁;

(7)各显示仪器性能可靠性、灵敏性校准;

(8)磨损严重易损件更换。

2. 一级技术保养

一般以检查、调整为主,对飞行一定时间的无人机进行一次。较深入的技术状况检查和调整,其目的是为了保持无人机在以后较长时间内,能保持良好的运行性能。一般每月进行一次,由维修人员或驾驶员进行。主要保养内容在按照"日常维护"项目的基础上增加如下内容。

(1)飞机运行传动部分、皮带松紧检查保养,对传动部件进行润滑处理;

(2)对电气系统各线路及零附件进行校准,外部绝缘;

(3)螺旋桨桨毂垂直度校准;

(4)云台、吊舱、机载设备运行状况检查。

3. 二级技术保养

二级技术保养是指在经几次一级保养后，为了巩固和保持各个总成、组合件的正常使用性能而采取的保养措施。根据无人机系统实际使用情况，二级技术保养应安排维修人员或专业人员进行维修。主要包括如下内容。

(1)旋翼头检查及更换；

(2)舵机功能测试；

(3)传动系统大保养；

(4)电气系统各线路老化更换，转接头更换；

(5)发动机系统大保养；

(6)油箱检查或更换；

(7)任务设备功能测试；

(8)飞控系统功能测试；

(9)充电设备功能测试；

(10)电池寿命测试及电池更换。

第二节　无人机动力电池保养

动力电池对于无人机来说是一种耗材，正确的使用可以延长动力电池使用寿命。动力电池的使用应遵循如下原则。

1. 不过放

电池的放电曲线表明，刚开始放电时，电压下降比较快，但放电到 3.9～3.7V 之间，电压下降不快。但一旦降至 3.7V 以后，电压下降速度就会加快，控制不好就导致过放，轻则损伤电池，重则电压太低造成炸机。有些模友因为电池较少，所以每次飞都会过放，这样的电池很短命。策略是，尽量少飞一分钟，寿命就多飞一个循环。宁可电池多买两块，也不要每次把电池飞到超过容量极限。要充分利用电池报警器,一报警就应尽快降落。

2. 不过充

这个对于充电器有要求,有些充电器在充满以后的断电功能不完善,导致单片电池充满到 4.2V 还没有停止充电,另外,有些充电器使用一段时间以后,因为元器件老化,也容易出现充满不停止的问题,因此,锂聚电池充电的时候一定要有人照看,当发现充电时间过长时,要人工检查充电器是否出现故障,如果出现故障要尽快拔掉电池,否则锂聚电池过充的话,轻则影响电池寿命,重则直接出现爆炸起火。此外,充电时一定要按照电池规定的充电 C 数或更低的 C 数进行充电,不可超过规定充电电流。

3. 不满电保存

充满电的电池,不能满电保存超过 3 天,如果超过一个星期不放掉,有些电池就直接鼓包了,有些电池可能暂时不会鼓,但几次满电保存后,电池可能会直接报废。因此,正确的方式是,在接到飞行任务后再充电,电池使用后如在 3 天内没有飞行任务,将单片电压充至 3.80~3.90V 保存。如在三个月内没有使用电池,将电池充放电一次后继续保存,这样可延长电池寿命。电池保存应放置在阴凉的环境下贮存,长期存放电池时,放在密封袋中或密封的防爆箱内,且干燥、无腐蚀性气体。

4. 不损坏外皮

电池的外皮是防止电池爆炸和漏液起火的重要结构,锂聚电池的铝塑外皮破损将会直接导致电池起火或爆炸。电池要轻拿轻放,在飞机上固定电池时,扎带要束紧。因为会有可能在做大动态飞行或摔机时,电池会因为扎带不紧而甩出,这样也很容易造成电池外皮破损。

5. 不短路

这种情况往往发生在电池焊线维护和运输过程中。短路会直接导致电池打火或者起火爆炸。当发现使用过一段时间后电池出现断线的情况需要重新焊线时,特别要注意电烙铁不要同时接触电池的正极和负极。另外运输电池的过程中,最好的办法是,每个电池都单独套上自封袋并置于防爆箱内,防止因运输过程中,因颠簸和碰撞导致某片电池的正极和负极同时碰到其他导电物质而短路或破皮而短路。

6. 不着凉

电池保温贴如图 8-1 所示。

图 8-1　电池保温贴

在北方或高海拔地区常会有低温天气出现,此时电池如长时间在外放置,其放电性能会大大降低,飞行时间会大大缩短。低温环境下在起飞之前电池要保存在温暖的环境中,比如说房屋内、车内、保温箱内等。要起飞时快速安装电池,并执行飞行任务。在低温飞行时尽量将时间缩短到常温状态的一半,以保证安全飞行。

动力电池应统一放于防爆箱内(如图 8-2 所示),存放于干燥、适温环境下,禁止放于阳光直射环境。

图 8-2　电池防爆箱

此外,若动力电池出现下列情况之一,必须及时更换新电池:

(1)电池运作时间缩短到少于原始运作时间的 80%。

(2)电池充电时间在大幅度延长。

(3)电池有膨胀、有形损伤的状况。

第三节　无人机存放

无人机应存放于专用无人机库房内,库房兼具存放、展示及维护保养功能,应选择通风、干燥的场所,避免存放在高湿、高温环境。为了避免无人机系统元器件加速老化,用于展示的无人机巡检系统平时应装箱存放,只有当需要展示时,方从存储箱中取出。展示完毕后,应及时放入存储箱(如图 8-3 所示)。无人机存放应按如下原则进行。

干燥环境放置。无人机长时间存放时,应置于干燥的环境进行保存,避免放于潮湿环境中。由于无人机内部含有精密电子部件,如在潮湿环境中长期放置,可能会导致电子部件老化、腐蚀生锈等。

图 8-3　无人机工作室

适宜温度存放。若无人机、电池需要存放超过 3 个月,则存放温度区间为 25℃左右,避免阳光直射。

清理机身异物。无人机在存放之前,应首先清理机身异物,检查云台连接处和电机等是否有异物,避免长期存放后对无人机造成损伤。

远离磁性物品。长期存放无人机时,应将无人机远离强磁场进行存放。如长期保持在强磁场环境下,磁场将对无人机指南针等造成损伤,影响无人机性能并对飞行安全构成威胁。

第九章　电力无人机巡检拍摄技巧

电力无人机巡检指利用无人机搭载可见光、红外等检测设备,完成架空输电线路巡检任务的作业。其中在实际巡检中的主要应用方式是通过可见光检测设备——云台相机拍摄一张清晰高质量的设备图像。本章将从拍摄基础知识、无人机巡检拍摄设备、常见无人机相机参数设置、电力无人机巡检拍摄技巧 4 个方面展开讲解。

第一节　拍摄基础知识

无人机云台相机本质是一台机载专用数码相机,相机摄像的要素包括:曝光、对焦、白平衡、EV 值等。

一、曝光

曝光三要素为:光圈、快门、ISO。共同三个因素决定了曝光量,或者说,已知任意两个参数,可以唯一确定另外一个。

1. 光圈

因为镜头的直径是固定的,我们只能将镜头内的通道变大或变小来控制光线在一定时间内进入机身的量。那么光圈就是一个安装在镜头内,用来控制光线通过镜头进入机身内的光量的装置。我们用 f 来表示光圈的大小。f 值常常蚀刻在镜头上,很容易就能找到，它表示一支镜头的最大光圈范围。另外，我们可以在相机显示屏和取景器还有照片参数里看到 f 值，它们表示拍摄照片时你选择的光圈大小，光圈 f 值＝镜头的焦距/镜头光圈的直径（如图 9-1 所示）。

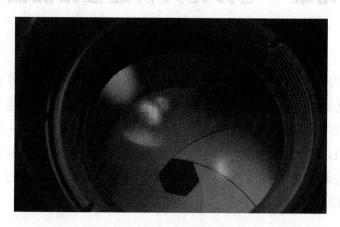

图 9-1　光圈示意图

f 值通常包含这些：f1.0,f1.4,f2.0,f2.8,f4.0,f5.6,f8.0,f11,f16,f22,f32,光圈值越小，镜头中通光的孔径就越大，相比光圈值大的光圈进光量就越多（如图 9-2 所示）。

图 9-2　拍摄效果图

2. 快门

快门是相机中的重要部件,摄像师通过控制它的开启时间长度或者相机感光元件的通电时长来达到曝光的目的。快门的分类有很多方式,可以由快门的工作原理来分为:机械快门和电子快门;或者从它在相机中的位置分为:焦平面快门和镜间快门,等等……快门开启的时间长度即是"快门速度",它同光圈大小和 ISO 一同决定了一张照片的曝光情况(如图 9-3 所示)。

图 9-3　快门实物图

普遍来讲,在摄像中,有一些快门速度被称为慢速快门,而另一些被称为高速快门。

慢速快门可以是:1/10s、1/5s、1/2s、1s、2s、十几秒……甚至数分钟和数小时(通过 B 门来实现)。高速快门可以是:1/200s、1/500s、1/1000s、1/2000s、1/4000s……目前主流数码单反相机的最高快门速度可以达到 1/8000 秒。

3. ISO

在拍照时,设置光圈大小,可以决定照片的亮度(通光量),同时也决定了照片的背景/前景虚化效果（景深透视）；设置快门速度同样可以决定照片的亮度，但是也同时受限制于具体拍摄需要，例如必须使用慢速快门拍摄或者需要使用高速快门抓取瞬间的情况。所以在调节这两个曝光要素时，我们都需要考虑到它们会影响到照片其他方面的效果。ISO 和它们不一样，它不会受限于其他因素，而你只需根据自己的需要来自由调节它的大小。

　　控制 ISO 是在控制相机传感器对当下光线的敏感程度，ISO 设置越高，敏感度越高，如果要保证照片一定的曝光量，需要的快门速度不用那么慢，或者光圈不用那么大；ISO 设置越低，敏感度越低，如果要保证照片一定的曝光量，需要的快门速度和光圈大小都需要更慢或者更大（如图 9-4 所示）。

图 9-4　ISO 对比图

　　传统意义上讲，低 ISO 是指 ISO 值在 $50\sim400$ 之间，高 ISO 值是指 >800。使用低 ISO 能拍摄出相对细腻的画质、使用高 ISO 能在光线不足的情况下将快门速度保持在安全快门以内，保证画面"不糊"。在光线充足的时候，建议使用较低的 ISO 拍照；在光线昏暗的时候，推荐使用较高的 ISO 拍照。

二、对焦

对焦就是通过改变镜头与感光元件之间的距离，让某一个特定位置的物体通过镜头的成像焦点正好落在感光元件之上，得出最清晰的影像。从无限远的平行光线通过透镜会落在镜头焦距的焦点上，所以一般的泛对焦说的就是对焦在无限远，也就是感光元件放在离镜头焦距远的位置上，而这样近处物体的成像焦点就落在了感光元件后面，造成成像模糊。而通过对焦把感光元件和镜头间的距离加大，就可以得到清晰的成像。对焦的英文学名为 Focus，通常数码相机有多种对焦方式，分别是自动对焦、手动对焦和多重对焦方式。

自动对焦：传统相机，采取一种类似目测测距的方式实现自动对焦，相机发射一种红外线（或其他射线），根据被摄体的反射确定被摄体的距离，然后根据测得的结果调整镜头组合，实现自动对焦。手动对焦：通过手工转动对焦环来调节相机镜头从而使拍摄出来的照片清晰的一种对焦方式，这种方式很大程度上面依赖人眼对对焦屏上的影像的判别以及拍摄者的熟练程度甚至拍摄者的视力。多重对焦：很多数码相机都有多点对焦功能，或者区域对焦功能。当对焦中心不设置在图片中心的时候，可以使用多点对焦，或者多重对焦。

三、白平衡

数码相机是机器，不如肉眼般会对周围光线的颜色进行自动调整适应。因此有时候你拍出来的照片，色调可能会变得怪怪的或者不够理想，白平衡功能正是为拍出正确色调而出现。白平衡调节界面如图 9-5 所示。

所谓色温，从字面理解就是颜色的温度。温度分冷暖，光线的冷暖又是什么？红黄啡这些颜色我们称之为暖色，而青蓝绿这些我们称为冷色,色温的单位是以 K 值来作表示,"K"是"Kelvin"(绝对温度),是度量色温的单位。色温数值越低越偏向红色(愈暖),数值越高则越偏向蓝色(愈冷)。一些色温的常见实例见表 9-1

表 9-1　色温常见实例

色温	常见实例
16000—20000K	天空碧蓝的天气
8000K	浓雾弥漫的天气
6500K	浓云密布的天气
6000K	略有阴云的天气
5500K	一般的日光,电子闪光灯
5200K	灿烂的正午阳光
5000K	日光,这是用于摄像、美术和其他目的专业灯箱的最常用标准
3200K	日光灯
2800K	钨丝灯/电灯泡(日常家用灯泡)
1800K	烛光
1600K	日出和日落

图 9-5　白平衡调节界面

一般来说,数码相机有三种方法去获得正确的白平衡,分别为全自动、半自动及手动。随着摄像科技进步,自动白平衡模式在大多数情况下都能让你获得理想的颜色。

四、EV 值

EV 是英语 Exposure Values 的缩写,是反映曝光多少的一个量,其最初定义为:当感光度为 ISO 100、光圈系数为 f1、曝光时间为 1 秒时,曝光量定义为 0,曝光量减少一档(快门时间减少一半或者光圈缩小一档),EV−1;曝光量增一档(快门时间增加一倍或者光圈增加一档),EV+1。

现在的单反相机或 DC 都有自动曝光功能,通过自身的测光系统准确地对拍摄环境的光线强度进行检测,从而自动计算出正确的光圈值+快门速度的组合。这样相片就能正确地曝光。但是,某些特殊光影条件下(比如逆光条件),会引起测光系统不能对被摄主体进行正确的测光,从而相片不能正确地曝光。这时,我们就要依照经验进行+/−EV,人为地干预相机的自动曝光系统,从而获得更准确的曝光。

拍摄环境比较昏暗,需要增加亮度,而闪光灯无法起作用时,可对曝光进行补偿,适当增加曝光量。进行曝光补偿的时候,如果照片过暗,要修正相机测光表的 EV 值基数,EV 值每增加 1.0,相当于摄入的光线量增加一倍,如果照片过亮,要减小 EV 值,EV 值每减小 1.0,相当于摄入的光线量减小一半。按照不同相机的补偿间隔可以以 1/2(0.5)或 1/3(0.3)的单位来调节。

被拍摄的白色物体在照片里看起来是灰色或不够白的时候,要增加曝光量,简单来说就是"越白越加",这似乎与曝光的基本原则和习惯是背道而驰的,其实不然,这是因为相机的测光往往以中心的主体为偏重,白色的主体会让相机误以为很环境很明亮,因而曝光不足。

第二节　无人机巡检拍摄设备

总所知周,无人机巡检的核心拍摄元件是云台相机,云台是指用于挂载飞行器相机的支撑设备部件,大致可分为固定云台、增稳云台和云台相机。

一、固定云台

在无人机航拍兴起之前,云台主要指的是用于三脚架和单反相机直接连接的机械构件,主要用于固定相机,使得相机可以进行空间内的多角度(通常是三轴)调节。为满足航拍需要,在一般的军用固定翼飞机上,大多数是固定式航拍云台,垂直面向地面拍摄,没有运动补偿等维持画面稳定的装置。

在消费级无人机面世之前,无人机采用的云台也大多是固定式云台,像大疆的 Phantom 一代等产品,采用的就是固定式设计,将相机与飞行器固定在一起,通过调整飞机的角度,改变航拍视角。固定云台如图 9-6 所示。

图 9-6　固定云台

二、增稳云台

当运动拍摄及航拍逐渐发展后,云台被赋予了新的定义和需求。当相机在移动时,云台需要解决的一项难题就是维持画面稳定,消除低频抖动。这时固定云台已无法满足需求,用来增稳的电动云台应运而生,也可称之为稳定云台或增稳云台。

增稳云台的原理是让各轴向上的电机产生适当的反扭,从而抵消平台相对某个方向上的运动。以流行的无刷电机云台为例,通常就是运用姿态传感器将姿态读出,通过云台底部的 IMU,或者直接与云台主控传感器的姿态角进行对比,以得出各个轴需要修正的角度,再通过输出 PWM 信号,使无刷电机迅速做出修正的动作,从而使相机时刻保持水平。

与最初的直接在飞行器上固定云台而无法兼顾画面稳定不同,两轴、三轴增稳云台的应用,使得机载云台也能很好地实现增稳。增稳云台如图 9-7 所示。

图 9-7 增稳云台

常见的有 2 轴云台和 3 轴云台。3 轴即在水平、俯仰、横滚三个方向均有稳定补偿,2 轴云台由于没有 yaw 轴方向的稳定补偿,增稳效果差很多,主要用于低端的无人机(最早期大疆精灵上搭载的禅思 H3-2D 即为 2 轴云台)。

三、云台相机

云台和相机的分离,使得不少使用者需要自己单独购买进行组装配套,考虑到易用性,特别是对于非 DIY 爱好者来说,这并不是一件好事。于是和云台直接配套的相机也应运而生,市面上比较常见的是大疆的悟系列可拆卸云台相机,要包括禅思 X3、X5、X5R、可变焦的 Z3,以及热成像相机 XT(适用于悟 1),X4S、X5S(适用于悟 2)等。这些云台相机的云台技术均已比较成熟,采用磁编码器、三轴无刷电机云台。但可惜的是,由于接口限制,并不支持大疆之外的其他相机。云台相机如图 9-8 所示。

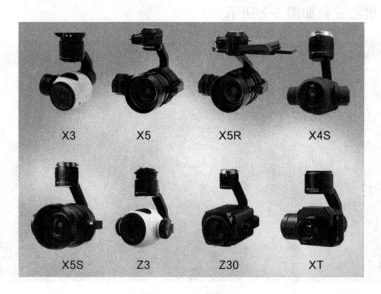

图 9-8 云台相机

第三节　常见无人机相机参数设置

目前应用到实际电力巡检中的无人机以小型机为主,其中大疆公司的悟(Inspire)系列、精灵(Phantom)系列无人机等机型以性能稳定、灵活性高、产品成熟等优势占据了主要位置。此节以大疆公司精灵系列无人机相机和对应软件 DJI GO 软件为例,介绍相机参数设置内容及常见问题。

一、摄像界面的数据列表示的参数

在屏幕顶部飞行参数下面的这一列数据是摄像参数,由上至下分别是:感光度 ISO、光圈、快门、曝光补偿 EV、照片格式、照片风格、曝光锁定 AE。摄像参数调节界面如图 9-9 所示。

图 9-9　摄像参数

二、"相机设置"项可以设定哪些模式或参数

点击屏幕右侧工具条的齿轮按钮可以进行以下的相机参数初始设定：

照片格式、照片尺寸、白平衡、视频尺寸、照片风格（含自定义——锐度、对比度、饱和度）、色彩、更多（过曝警告、直方图、视频字幕、网格、抗闪烁、快进预览、视频格式、视频制式 NTSC/PAL、重置参数）。相机参数的设置界面如图 9-10 所示。

图 9-10　相机参数

相机的默认设定已能胜任用户一般的拍摄所需，如果有更高要求可在拍摄前调整上述的基本设置。

三、相机在拍摄中如何改变拍摄模式和参数

长按屏幕右侧中部的拍摄圆键，圆键的左侧将出现扇形的选项按钮，这些按钮的功能分别为：

单拍或连拍：单张、HDR、连拍（3、5、7 张）、包围曝光（3、5 张，步长 0.7EV）

定时摄像：5、7、10、20、30 秒。

四、相机自动测光的方式如何转换为手动测光

飞行器开启后，相机立即处于默认的自动"中央重点平均测光"状态。如果你需要手动点测光，请轻触相机屏幕画面景物里你指定的测光位置，则可变为手动的"点测光"状态（在测光的位置将出现带中间小圆点的黄色方框符号），点击黄色方框右上角的小叉，相机将退出手动点测光回到默认的自动"中央重点平均测光"状态（注：短促点击屏幕是切换自动、手动测光操作；如较长时间的点击屏幕将出现蓝色圆圈符号，此时拖动图标的操作是控制云台姿态的俯仰）。

五、相机自动测光状态下可以调整的参数

只能通过遥控器上的右拨轮调整"曝光补偿"EV 值，往左减少（亮度）、往右增加（亮度）。其余拍摄参数只能回到相机设置界面调整。

另外，还可以点按屏幕上的 AE，进入或退出曝光锁定；进入曝光锁定后，如果此时操作了右拨轮，曝光锁定也即时自动退出。

图 9-11 与图 9-12 为 EV 值调节前后对比。

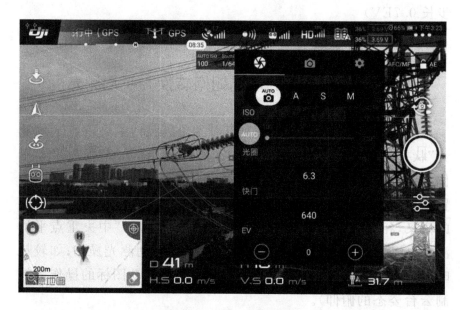

图 9-11　EV 值调节前

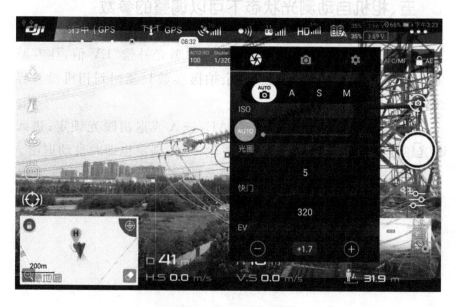

图 9-12　EV 值调节后

六、相机手动测光状态下可以调整的参数

点击屏幕右侧下部的"五线谱"按钮,此按钮变亮后可进入手动曝光调整状态。可以通过拖动屏幕上 ISO 滑块改变感光度 ISO、或通过遥控器上的右拨轮调整快门值,往左减少、往右增加。此时曝光补偿 EV 处于不可调的状态,但 EV 显示值会按照你给定的 ISO 和快门数值自动变化。

另外,还可以点按屏幕上的 AE,进入或退出曝光锁定。

七、相机拍摄的照片和图像的保存路径及获取方法

存储卡:照片和视频原始文件都保存在 mini-SD 卡根目录/DCIM/100MEDIA 下,获得这些文件最快的方法首推使用读卡器,将飞行器上的存储卡取出将其置入读卡器内并插入电脑的 USB 口,即可将文件拷贝到电脑中。

手机/平板内存缓存区转存到剪辑目录:在手机/平板内存缓存区中保存了飞行中拍摄的所有照片和视频,但不能直接引用和输出。开启电源,保持手机/平板、遥控器和飞行器三者正常联机状态下,在拍摄界面中点击播放键,此时将会显示内存缓冲区的所有照片和视频。此时遥控器的右拨轮可供翻页,在选中所需的照片或视频后,再点击右下方的下载按钮。即可将缓存区选中的当前照片保存到手机相册或将视频保存到剪辑目录中。

第四节　电力无人机巡检现场拍摄技巧

电力无人机巡检拍摄技巧指如何在保证安全距离的同时拍摄出一张清晰而高质量的设备照片。

针对"安全合适的拍摄距离"这个问题,经过大量巡检实践,总结出了一套经验,可以借助图传设备屏幕中物体成像的大小

和比例来判断我们离目标大小的真实距离远近,实验数据测定,以悟 2 无人机搭载 X4S 镜头为例,当一个 220kV 复合绝缘子占据到 3/4 图传屏幕宽度时,无人机与复合绝缘子的实际距离大约 5～6 米,满足安全距离要求。如图 9-13 与图 9-14 所示分别为巡检作业图和巡检图像示意。

图 9-13　现场巡检作业

图 9-14　巡检图像示意

　　按照这种比例成像法，以此类推，就可以确定出来各设备的安全拍摄距离，接下来拍摄前需要确保无人机悬停平稳，将拍摄目标尽量置于屏幕中央，最后在图传平板屏幕中点击目标拍摄的以辅助聚焦再按快门，拍摄出一张清晰的设备图像。为避免操作失误或机器设备问题等不可控因素使图像失真，建议实际巡检时每个巡检位置略微改变角度进行 2～3 张拍摄作为补充，确保该位置巡检取像完毕，不往复作业。

　　关于辅助聚焦除了在图传平板屏幕中点击目标拍摄物方法外，还可以在遥控器中设置 C1 等快捷键以提高拍摄效率。

　　无人机巡检中，除了拍摄时与设备的安全距离以外，安全方面还有一点要尤其注意的是严禁在线下进行飞行，这是因为如果在飞行过程中突发未知状况，造成失控，无人机设置的保护程序会使无人机自动垂直向上飞到返航高度，然后飞回到 GPS 记忆的起飞点，而如果恰好在线下时失控，飞机在垂直上升过程中就会触碰导线，引发炸机和故障。所以为了飞行安全，一定要避免从线下穿越飞回。

　　下面对电力无人机巡检现场拍摄中的常见问题进行举例并分析。

一、曝光补偿过高或过低

　　如图 9-15 所示，拍摄天气晴好，图像拍摄时间为下午 3 时，因拍摄角度略微逆光，选择将 EV 值增加到为＋2.7，但此时本身光线十分充足出现过曝现象，应将 EV 值降低到＋1.0 左右。

　　如图 9-16 所示，拍摄天气阴天，图像拍摄时间为上午 9 时，EV 值为＋0 没有进行调节，由于光线不足造成照片过暗，此时 EV 值应尽量调高到＋2.0 以上。

图 9-15　曝光补偿过高

图 9-16　曝光补偿过低

二、拍摄角度选择不佳

如图 9-17 所示,选择拍摄角度时应避免出现逆光拍摄,尽量选择顺光拍摄或侧光拍摄。

图 9-17　拍摄角度不佳

三、拍摄目标选择不明确

如图 9-18 所示,拍摄内容包括部分绝缘子伞裙、下均压环及重锤片,没有拍摄完整绝缘子排除异物及伞裙本体缺陷,下均压环以下金具销钉被挡,拍摄目标选择不明确造成无意义拍摄,降低效率。

四、对焦出现问题

如图 9-19 所示,由于没有进行正确对焦操作造成虚化失真现象,建议待无人机悬停平稳,在图传平板屏幕中点击目标物聚焦,或将目标物置于屏幕正中使用遥控器快捷键直接对焦。

图 9-18　拍摄目标不明确

图 9-19　对焦出现问题

　　电力无人机巡检现场的拍摄技巧需要在熟悉不同无人机设备及镜头各自特点的基础上,不断积累经验和总结。

第十章　无人机在架空输电线路
上的应用前景

随着无人机技术的发展,利用无人机作为平台搭载巡检设备进行电力巡线已经得到广泛而又有效的应用,无人机进行线路巡检已成为了一种常态化作业趋势。但是对不同的巡检模式,现有的无人机电力巡检手段通常方式较单一,通过巡检作业人员手动操作无人机飞行器,调整无人机的地理位置和云台角度来获取可见光视频和影像资料。随着无人机在输电线路上应用的不断深入,也对无人机的深化应用提出了更高的要求,本章将简单介绍无人机在架空输电线路上的前沿应用,以便更好地服务于架空输电线路运维检修工作。

第一节　架空输电线路无人机兴趣点巡视

架空输电线路无人机兴趣点巡视是基于无人机兴趣点环绕技术的一种巡视方式,兴趣点环绕是指飞行器可以按照设定的参数环绕着兴趣点飞行,在环绕飞行过程中实现对线路设备的巡视。根据无人机搭载云台与监控兴趣点的关系,实现无人机环绕杆塔设备飞行拍摄。

无人机兴趣点环绕技术的实现是基于对杆塔设备的地理位置明确的基础之上的,地理信息系统(GIS)可以提供给无人机所需要的地理坐标,地理信息系统作为一种特定的、十分重要的空间信息系统在生产中越来越发挥着十分重要的作用。为了规避无人机在线路巡检中遇到的风险,提高电力生产安全性,可利用谷歌地球等虚拟地球软件,结合三维成像和地理信息系统 GIS 的线路巡视技术,可将输电线路杆塔及输电线的三维数据还原至地面操控人员视场范围内,同时结合真实环境中杆塔与兴趣点、无人机及云台的相对位置关系,在坐标系内讨论杆塔兴趣点与无人机云台姿态角的相对关系,并由此获得无人机以及机载多自由度云台优化配置的控制参数。

通过谷歌地球等虚拟地球软件真实地理数据来对高压输电线路进行巡检,可以高效地模拟现场环境,并大大提高巡检的安全性;另一方面,将此技术与无人机地面站监控软件结合可以实时还原高压输电线路巡检无人机的飞行环境,提高巡检任务的可靠性。需要说明的是,在保证无人机巡视线路安全可靠度方面,可以采用谷歌地球等虚拟地球软件中的应用程序接口计算视场距离。同时在无人机硬件方面,采用超声波避障,即当无人机靠近输电线并危及无人机安全时,无人机采取远离输电线的飞行策略,从而进一步提高无人机输电线路巡检的可靠性与安全性。

第二节　无人机检测架空输电线路山火

随着我国现代工业的快速发展,架空输电线路杆塔架设日益增多,由于各地区地理条件、输电线路走廊所处环境存在较大差异,给线路巡检带来了很多困难。有的地区所处地理环境较为复杂,高山峻岭,地势高低起伏,这样就导致了有些架空输电线路必须架设于崇山峻岭之间。这样就导致了输电线路杆塔及其走廊遭遇到灾情时,如何进行快速有效的巡检,增加了很大难度。在如此复杂的气象环境及地理环境下,仅仅靠人工等常规巡视手段就难以满足要求,因此利用无人机对山火灾情进行检测可以大大提高工作效率。

当架空输电线路走廊发生山火时,山火就会产生大量的热量,将会对空气和导线造成不好的影响,距离着火点越近的导线得到的热量也就越多,从靠近着火点的导线金属表面游离出来的电子也就越多。当架空输电线路与空气中热游离的电子达到一定程度时线路就会发生短路,此时会引发架空输电线路跳闸,影响电力系统正常运行。如图 10-1 所示为架空输电线路附近山火。

图 10-1　架空输电线路山火

无人机在线路山火监测方面可实现山区巡查、火情预报、火情监控、辅助指挥调度等作业;在周围环境勘察方面,可获取到分辨率较高的遥感数据,可以大大提高勘察的精度;在线路日常巡检方面,能实现大规模、快速线路巡检。利用无人机实现线路巡检,搭载可见光相机与红外相机的多光谱吊舱等巡检工具,对架空输电线路进行山火灾情巡检。同时利用无人机巡检山火灾情的特点,可以实现通过可见光与红外相机采集的多光谱图像对架空输电线路进行山火灾情检测。首先通过对山火产生原因及现有灾情检测手段的分析,进行输电线路山火检测应用模式研究。其次,在确定检测手段与巡检模式后,以多光谱相机为载体的吊舱对山火进行检测。最后,考虑无人机巡检山火灾情图像的完整性与实时性,对输电线路走廊全景图像进行实时拼接技术研究,便于巡检人员对整段输电线路走廊信息进行及时全面的掌握。通过以上三个环节的操作,就可以实现无人机山火灾情巡检、分析和研究,大大提高了工作效率。

第三节　无人机紫外检测输电线路电晕放电缺陷

目前使用绝缘子探伤方法是利用紫外线进行探伤,然后通过人工对放电光斑进行判读,这种方法有个弊端就是自动化程度比较低。

电力设备使用的绝缘材料所承受的电气压力与日俱增。随着使用频率的加大和使用时间的延长,设备会出现不同程度的断股、污染、裂纹以及绝缘介质破坏等现象,从而产生电晕或电弧。在放电过程中,空气中的电子不断获得和释放能量,而当电子释放能量时,便会放射出紫外线。利用这个原理,将获得的紫外影像进行放电区域提取分割,可以达到确定电晕的位置和强度的目的,从而可以进一步进行异常检测。

为此,根据该原理可利用无人机搭载的紫外传感器所获取的影像为数据源,根据电晕放电的光谱特征和紫外成像的形态特征来自动检测紫外视频放电位置的方法。首先从紫外影像中获取图像帧;然后对图像进行处理,根据结果来计算疑似放电区域;最后经放电异常诊断,利用获得的高精度位置姿态以及时间同步信息,得到高压输电线路绝缘子发生异常的具体地理位置。此方法可以自动提取紫外视频中呈高密度、连续放电的区域,可有效地对紫外影像中高压输电线路绝缘子进行放电异常诊断,对电网运行维护有实际意义。

该方法可以有效地实现绝缘子异常放电区域的自动提取,提高了巡线紫外视频判读的自动化程度,对线路巡检工作有较高实用价值。

第四节　架空输电线路的无人机测距技术

输电线路长期暴露野外,专业人员巡视周期长,线路安全监控难度大,加之运维环境复杂多变,影响输电系统安全运行的外界因素不断增加,尤其是线路走廊内大规模种植高大树木、修建蔬菜大棚等违章建筑物、构筑物等。按照输电线路运行规程的要求,线路管理部门需要定期对线路走廊开展巡视工作,对走廊内树木及建筑物与导线距离进行测量,对于距离小于安全距离的树木应及时砍伐。

目前,输电线路运维单位针对架空导线下方树木净空的测量大多采用经纬仪、激光测距仪测量或停电检修走线时检修人员以测绳测量的方法,使用这些方法会受到树木遮挡视线、停电周期长等原因限制,运维单位无法及时准确掌握净空数据,给线路安全运行带来隐患。经纬仪测量方法运用较为广泛,操作简便,但是受制于电子经纬仪自身标定时的精度偏低的原因,以及测量时必须选取水平操作平台,目镜测量范围有限,无法对现场特殊区域测量,尤其是对线路走廊狭窄地区线下成片高大林木距离的测量受到地形限制无法开展。

随着超声波测距技术研究日益成熟,以及无人机在电网运行各领域的广泛应用,将二者结合使用,采用无人机搭载超声波测距设备,操作人员遥控无人机飞行到架空输电线路附近,对需要测量的树障隐患定点测量,可以覆盖到利用经纬仪测量方法无法测量到的盲区。

将超声波测距装置安装在多旋翼无人机机载平台正下方,将测距装置置于垂直向下的方向,对下方被测物发送超声波进行距离探测。利用无人机机身搭载的水平方向的摄像头,地面控制人员可实现对无人机飞行控制。同时,无人机前部也可设计加装超声波测距避碰报警单元,实时测量飞行器与导线的水平距离。无

人机搭载超声波组件测量输电线路下方大面积树障依据长方形等边定理,具体做法如图 10-2 所示:

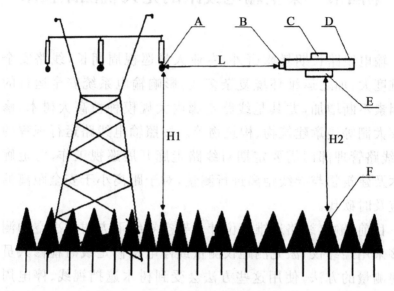

图 10-2 无人机超声波测距示意图

利用无人机测量树木和导线间距时,导线 A 对树木 F 的净空距离为 H1。测量时,无人机 D 飞行至树木 F 上空,并在与架空导线 A 等高的位置悬飞行,此时,无人机 D 和架空导线 A 保持安全距离 L,该安全距离 L 可根据实际情况具体确定。操作人员通过观察无人机 D 的视频采集装置 B 反馈的视频信息,控制无人机 D 的飞行状态,使其保持在与架空导线 A 等高的位置悬停飞行。视频采集装置 B 可以为摄像头,该摄像头可以水平安装于无人机 D 正前方。

无人机 D 的测距装置 E 垂直向下发射探测信号,测量无人机 D 机身与下方树木 F 的垂直距离 H2,并通过无线传输器 C 将测得数据实时传输至地面处理终端。

其中,测距装置 E 为超声波测距装置,可以安装于无人机 D 正下方。操作人员还可控制无人机 DF 沿架空导线 A 长度方向飞行。测量某处树障时,航巡员控制无人机在与被测相导向同一水平面选取 3 个悬停点进行测量，每个悬停点测量记录 10 条稳定数据，最后对这 30 个测量数据求取平均值，所得数据近似认为是该相导线下方树障净空。因为无人机飞至与架空导线等高处悬停，测量无人机自身与下方树木的垂直距离，根据长方形等边定理，所得数据即为被测相架空导线与下方树木的最小净空距离。

利用无人机搭载超声波测距装置、视频采集装置和无线图像传输装置等设备，使用加设了叠加模块的图像通道传输视频，将经过数据处理的距离信息和图像信号叠加在同一界面上，观察效果直观、实用性强，可以获取更为精确的测量结果，从而很有效地实现对线路下方树木等障碍物的测距。

第五节　利用无人机倾斜摄影技术对架空输电线路路径进行优化

倾斜摄影技术是国际测绘领域近些年发展起来的一项高新技术，通过在同一飞行平台上搭载多台传感器，从一个垂直、四个倾斜等五个不同的角度同时曝光，采集影像，如图 10-3 所示。

相对于正射影像，倾斜摄影能更加真实地反映现场三维环境，通过配套软件可直接利用成果影像进行高度、长度、面积、体积、角度、坡度等属性的量测，同时倾斜摄影对建筑物能进行批量操作，从而有效地降低了三维建模的成本。

无人机数据采集成本低、机动灵活，其携带的倾斜摄影传感器获取影像分辨率高、颜色真实，有利于提高构建模型质量。将能快速、低成本地获取地表三维模型信息的无人机倾斜摄影技术与大数据管理的 GIS 技术结合，即可多角度观察输电线路路径环境，又能准确量测线路断面及房屋、树木等地表物体的高程，从而实现对数据的精确统计及路径优化选择的准确判断。

图 10-3　倾斜摄影原理图

第六节　无人机结合激光扫描技术实现电力线路安全诊断

无人机搭载激光扫描技术作为近年来快速发展起来的一项新技术,可以弥补人工巡检及传统无人机测量无法进行电力线测量的不足,能够快速获取高精度的数据信息,提高电力巡线效率,减少成本投入。因此应用无人机搭载激光扫描数据中的电力线路信息提取及安全诊断可以大大提高电力巡检的效率。

从大量无序的激光点云数据中提取电力线矢量数据用于线路安全距离检测是三维激光扫描用于电力巡线的关键技术。基于激光扫描技术的电力线路安全诊断主要完成电力线激光点云的自动提取,生成精准的电力线矢量模型进行安全距离诊断,对超限地面障碍物进行安全预警。利用基于投影的电力线提取方法对激光点云数据中的电力线点云进行提取与拟合，对原始激光点云数据（如图 10-4a 所示）进行多个实体分类，获得地表植被及建筑物点云（如图 10-4b 所示），获得电力设备激光点云数据（如图 10-4c 所示），在此点云基础上进行电力线点云数据的提取（如图 10-4d 所示）。

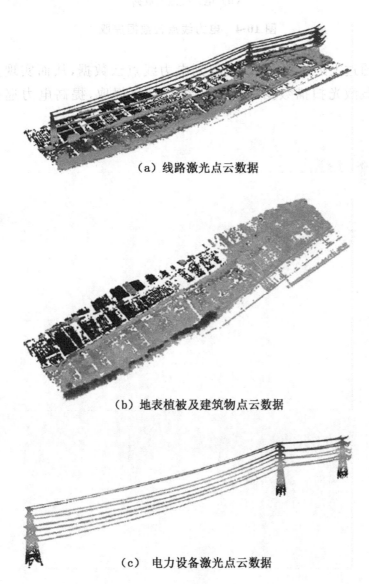

（a）线路激光点云数据

（b）地表植被及建筑物点云数据

（c）电力设备激光点云数据

（d）电力线点云数据

图 10-4　电力线点云数据提取

　　通过上述过程，可以提取到电力线点云数据，从而实现无人机搭载激光扫描数据中的电力线路信息提取，提高电力巡检的效率。

参考文献

［1］孙毅.无人机驾驶员航空知识手册［M］.北京:中国民航出版社,2014.

［2］徐嘉龙.架空输电线路无人机巡检系统技术与应用［M］.北京:中国电力出版社,2017.

［3］王祥全,苏建军.架空输电线路无人机巡检技术［M］.北京:中国电力出版社,2016.

［4］张祖勋,张剑清.数字摄影测量学［M］武汉:武汉大学出版社,2007.

［5］陈祥和,刘在国,肖琦.输电杆塔及基础设计［M］.2版.北京:中国电力出版社,2008.

［6］孟遂民,孔伟,唐波.架空输电线路设计［M］.2版.北京:中国电力出版社,2007.

［7］甘凤林,李光辉.高压架空输电线路施工［M］.2版.北京:中国电力出版社,2008.

［8］权太范.小型无人机理论与应用［M］.北京:国防工业出版社,2017.

参考文献

[1] 李瑞麟. 无人机飞行器系统设计与控制技术[M]. 北京: 中国民航出版社, 2015.

[2] 秦永元. 惯性导航[M]. 北京: 科学出版社, 2012.

[3] 王行仁. 飞行实时仿真系统及技术[M]. 北京: 中国科学出版社, 2016.

[4] 张光澄. 张海涛. 数字信号处理原理[M]. 成都: 电子科技大学出版社, 2005.

[5] 陈怀琛. 刘锦秀. 信号处理原理及其实现[M]. 北京: 电子工业出版社, 2007.

[6] 魏瑞轩. 李学仁. 无人机系统及作战运用[M]. 北京: 国防工业出版社, 2012.

[7] 王耀南. 孙炜. 智能系统及其优化控制[M]. 北京: 科学出版社, 2008.

[8] 段海滨. 无人机自主控制与应用[M]. 北京: 国防工业出版社, 2013.